高压电力电缆及附件X射线检测技术

主　编　任广振
副主编　刘　青　卞蓓蕾　黄　勃　何光华

内 容 提 要

为全面提升高压电缆专业人员状态检测技术水平，作者编写了《高压电力电缆及附件 X 射线检测技术》一书。

本书共七章，包括概述、X 射线检测技术基础、X 射线检测设备、电力电缆及附件典型结构、X 射线检测工艺及流程、电力电缆及附件 X 射线检测安全防护、电力电缆及附件 X 射线检测典型案例。

本书可供高压电缆线路运维检修人员学习使用。

图书在版编目（CIP）数据

高压电力电缆及附件 X 射线检测技术/任广振主编. —北京：中国电力出版社，2022.3
ISBN 978-7-5198-6625-9

Ⅰ. ①高… Ⅱ. ①任… Ⅲ. ①高压电缆-电力电缆-X 射线探测 Ⅳ. ①TM757

中国版本图书馆 CIP 数据核字（2022）第 048613 号

出版发行：中国电力出版社
地　　址：北京市东城区北京站西街 19 号（邮政编码 100005）
网　　址：http://www.cepp.sgcc.com.cn
责任编辑：肖　敏（010-63412363）
责任校对：黄　蓓　马　宁
装帧设计：郝晓燕
责任印制：石　雷

印　　刷：三河市航远印刷有限公司
版　　次：2022 年 3 月第一版
印　　次：2022 年 3 月北京第一次印刷
开　　本：787 毫米×1092 毫米　16 开本
印　　数：9.75
字　　数：154 千字
印　　数：0001-1000 册
定　　价：68.00 元

#《高压电力电缆及附件 X 射线检测技术》

编 委 会

主　　任　宋金根

副 主 任　刘家齐　赵　深

主　　编　任广振

副 主 编　刘　青　卞蓓蕾　黄　勃　何光华

参　　编　李乃一　王成珠　周宏辉　曹俊平　赵　洋　黄肖为
程国开　胡　伟　陈维召　夏传帮　倪晓璐　翁东雷
李　勇　周　翀　汪从敏　沈　凯　徐恩和　邵先军
黄振宁　柏　仓　许　强　李文杰　周象贤　李　宁
高智益　马博翔　王少华　王振国

前 言

高压电缆线路凭借其对城市环境友好、隐蔽性高等优势，已逐步成为城市电力能源输送的主动脉。随着城市化建设进程加快，城市电网电缆化率逐年升高，电缆线路的爆发式增长与运维资源和水平不平衡导致电缆故障量逐年攀升，极大地影响了城市电网的供电可靠性。在检测电力电缆及附件缺陷的各种手段中，与红外成像检测技术、接地电流检测技术、高频局部放电检测技术相比，基于 X 射线的无损检测技术能在不破坏电缆基础设施的基础上，查看电缆设备的内部情况，及时发现电缆主绝缘不良、应力锥移位、半导电层处理不良、铜带处理不良、外力破坏损伤等潜在运行隐患。

本书针对高压电力电缆及附件的特性，介绍了 X 射线检测相关设备及其检测原理，详尽描述了 X 射线检测技术在高压电缆专业的应用，并结合案例展示了 X 射线检测技术的应用场景及实际效果，为相关行业技术人员采用 X 射线检测技术进行高压电力电缆及附件的健康状况诊断提供了参考依据。

本书分七章，第一章为概述，第二章为 X 射线检测技术基础，第三章为 X 射线检测设备，第四章为电力电缆及附件典型结构，第五章为 X 射线检测工艺及流程，第六章为电力电缆及附件 X 射线检测安全防护，第七章为电力电缆及附件 X 射线检测典型案例。

本书在编写过程中，参考了许多教材和文献，引用了有关专家同志的研究结论，在此向他们表示衷心的感谢！由于编写时间仓促，内容难免存在疏漏之处，恳请各位专家和读者提出宝贵意见，使之不断完善。

编 者

2022 年 3 月

目　录

第一章　概　　述

第一节　电缆线路运行情况及分析

一、中国电缆生产及应用情况

电力电缆在电力系统中用以传输和分配大容量电能，其电压等级涵盖 1～500kV。相比架空线路，电缆线路能提高电网抗击冰雪、台风等自然灾害的能力，可有效解决城市环境、线路走廊、变电站站址、电磁干扰等方面的突出难题，因而在电网改造，特别是城市电网建设中得到了越来越广泛的应用。在北京、上海、广州等土地利用率极高、新建架空线路受到显著制约的超大城市中，新建的 220kV 及以下电压等级的输电项目已经基本放弃了架空导线方式，而采用了占地面积小、安装维护简单的交联聚乙烯绝缘电力电缆（简称“交联电缆”）。

1959 年，我国研制出 66/110kV 和 220kV 油纸绝缘电容式充油电缆试样。1964 年，66kV 充油电缆在大连第二电厂应用。1968 年，110kV 充油电缆被用于南京长江大桥（过江电缆）。1973 年，我国制成 330kV 充油电缆并用于刘家峡电站二期工程。1983 年，由上海电缆厂、沈阳电缆厂和上海电缆研究所合作研制成功 500kV 充油电缆及附件，在辽锦线上挂网试运行。

与油纸绝缘电缆相比，交联电缆具有结构简单、制造周期短、允许工作温度高、敷设不受高差限制、线路质量轻、维护简单和输电损耗小等优点。自 20 世纪 90 年代开始，交联电缆在各个电压等级开始全面替代油纸电缆，成为电力电缆的主流产品。我国 110kV 交联电缆系统于 1984 年起在电网中运行，广州供电局首先进口 110kV 交联电缆及附件，敷设安装 4.1km 交联电缆线路，用于城网改造工程；随后，上海市电力公司与北京市电力公司于 1988 年进口并安装 110kV 交联电缆线路。对于 220kV 交联电缆系统，北京市电力公司 1991 年首先采用进口 220kV 交联电缆及附件用于城网改造工程；随后，上海市电力公司于 1993 年进口 220kV 交联电缆及附件，并将 220kV 交联电缆线路用于城网改造工程。

2010年3月，我国第一个长距离500kV交联电缆线路在上海世博变电站工程中投入运行，该工程共2回6相电缆，路径长度超过15km。

目前，我国上海、北京、天津、广州等部分城市的电缆化率已达80%以上，形成了相当规模的电缆网络。随之而来的，国内在役交联电缆故障发生次数也有所增多。通过对故障电缆进行解剖分析发现，交联电缆在生产、运输、安装和运行过程中，可能因各种原因而形成缺陷。按照故障在电缆系统中发生的部位，可将电缆系统故障分为电缆本体故障和电缆附件故障。不计外力破坏导致的故障，电缆设备故障/缺陷率和多数电力设备一样，投入运行初期（1～5年内）容易发生运行故障，主要原因是电缆及附件产品质量和电缆敷设安装质量问题；运行中期（5～25年内），电缆本体和附件基本进入稳定时期，线路运行故障率较低，故障主要原因是电缆本体绝缘树枝状老化击穿和附件进潮而发生复合介质沿面放电；运行后期（25年后），电缆本体绝缘树枝老化、电-热老化以及附件材料老化加剧，电力电缆运行故障率大幅上升。

二、电缆本体典型缺陷的统计分析

电缆本体可能存在的缺陷主要是由厂家制造、施工质量、外力破坏、运行劣化等原因引起。电缆本体缺陷的具体类型包括：

（1）电缆绝缘内部或电缆绝缘与半导电层界面的创伤，如刀痕刮伤、断层、裂纹等。

（2）电缆本体绝缘内部的杂质和气泡。

（3）电缆导体线芯表面不光滑，内外半导电层有凸起。

（4）电缆金属护套密封不良及运行中破损、锈蚀。

（5）电-机械应力。

（6）电缆本体绝缘老化形成的水树枝和电树枝。

（7）电缆外护套生物或化学腐蚀等。

（8）由于地质运动、热胀冷缩（弯曲）等引发的附加机械应力。

形成缺陷（1）～（3）的原因可能是生产制造工艺不良或施工原因等；缺陷（4）和（5）主要是由于施工原因或第三方外力破坏造成；缺陷（6）主要是由于电缆运行中绝缘老化所造成；缺陷（7）和（8）主要是由于环境因素和运行条件造成。上述缺陷可能造成电力电缆局部电场不均匀，引发局部放电、局部过热、介质损耗增大、泄漏电流中含谐波分量等物理现象。这些物理现象伴随电缆运行而存在并发展，最终可能导致电缆本体的击穿损坏，从而引发事故，造成重大经济损失。

三、电缆附件典型缺陷的统计分析

相比电缆本体，电缆附件的结构更复杂，其本身的电场分布很不均匀。因此，电缆附件成为电缆系统中最薄弱的环节，容易发生运行故障。造成电缆附件缺陷的主要原因为：

（1）制造质量缺陷，如接头内部杂质或气隙。

（2）安装质量缺陷，如未按规定的尺寸、工艺要求安装，安装过程中引入潮气、杂质、金属颗粒，外半导电层或主绝缘破损，电缆端头未预加热引起主绝缘回缩过度，导体连接器出现棱角或尖刺，接头应力锥安装错位等。

（3）接头绝缘与电缆本体之间界面缺陷，如因握紧力不够而形成气隙。

（4）接头绝缘部件的老化，如电-热多因子老化，受潮、进水、化学腐蚀等加速老化。

缺陷（1）和（2）容易造成电缆中间接头中局部场强升高而产生局部放电，加速接头老化，引起接头击穿故障；缺陷（3）和（4）容易造成接头内部发生沿面闪络放电，形成沿电缆绝缘表面的炭化通道，引起接头击穿故障等。

四、电缆设备典型缺陷产生主要原因的统计分析

外力破坏、一次设备连带、安装工艺不当和主绝缘老化是造成电缆设备故障的主要原因。

1. 外力破坏

造成外力破坏的主要原因如下：

（1）部分地区市政建设、管道施工、地质勘测等施工项目较多，施工单位使用大型机械工具相对集中，外力破坏现象时有发生。

（2）一些地方电力行政管理部门执法不力，部分施工单位未向电力管理部门报批便擅自施工，安全意识淡薄，未采取安全防范措施，违章作业屡禁不止。

（3）部分单位运行巡视不到位或到位率较低，未能及时掌握电缆设备周边施工情况。

2. 一次设备连带

造成一次设备连带的主要原因如下：

（1）电缆设备受其他设备（架空线路、变压器、开关设备等）故障影响，导致设备非计划停运。

（2）部分电缆设备受所在线路前期规划设计不当影响，负荷转供能力不足，在迎峰度夏（冬）期间运行负荷达到或超过其额定载流量，影响了电缆设备安全运行。

3. 安装工艺不当

造成安装工艺不当的主要原因如下：

（1）部分单位电缆设备的现场安装质量监督和把关要求不严，现场施工监督不到位，无法有效保证现场施工的作业质量。

（2）部分单位运行巡视不到位，未能及时发现电缆设备本体及附属设备的各类缺陷隐患。

4. 主绝缘老化

造成主绝缘老化的主要原因如下：

（1）由于材料和工艺水平限制，部分早期投运的交联电缆设备制造质量和抗老化性能偏低，在潮湿、高温等恶劣运行环境下长期运行后，交联电缆设备易加速老化并造成绝缘性能明显下降。

（2）由于运行年限过长，部分在运的电缆设备绝缘劣化导致电气性能下降。

第二节　电缆线路缺陷检测分析方法

电缆线路状态检测旨在掌握电缆本体及附件各特征量及其变化规律，及时发现各类绝缘缺陷。电缆线路的敷设方式和运行条件不尽相同，影响电缆线路运行状态的因素也各有不同，主要影响因素归纳如下。

（1）电场影响：主要是耐受电压、冲击过电压、局部放电等影响。

（2）热影响：主要是载流能力、过载等影响。

（3）机械影响：主要是弯曲、撞击、破损、人为破坏、虫害等影响。

（4）化学影响：主要是受到潮湿环境、酸碱盐腐蚀、油气污染等影响。

（5）外部环境影响：主要是火灾、泡水等影响。

电缆线路各类微观绝缘缺陷在电场、热场等激励场的作用下，均会产生宏观特征量变化；特别是发生运行故障前期，暂态特征量变化较大。缺陷检测需要建立在对以上 5 种主要影响因素作用结果的外在表现形式或现象的检测、监测的基础之上。电缆线路主要状态参数及影响因素见表 1-1。

表 1-1　　高压电缆线路主要状态参数及影响因素

状态参数	主要影响因素
介质损耗、局部放电	电场
导体温度、载流量	热、机械
接地电流	热、机械、外部环境
振动、位移、应变	热、机械
水位、有害气体、环境温度	热、化学、外部环境

1. 介质损耗

介质损耗因数（$\tan\delta$）是交流电压作用下实际电流和理论电流（与施加电压的相位差为 90°）之间的相位差的正切。介质损耗与所加的电压、频率有关。$\tan\delta$ 反映电缆的总体绝缘老化状况，它与电缆线路的长度无关。$\tan\delta$ 的增加常表明电缆中发生了炭化、电离以及在高电压下的电晕。

2. 局部放电

局部放电指在电场作用下发生在绝缘中非贯穿性的放电现象。局部放电作为电缆线路绝缘故障早期的主要表现形式，既是引起绝缘老化的主要原因，又是表征绝缘状况的主要特征参数。局部放电与电缆及附件的绝缘状况密切相关，局部放电量的变化预示着电缆及附件绝缘中一定存在着可能危及安全运行的缺陷。

3. 导体温度

由于交联聚乙烯等有机绝缘材料的老化速度与其运行有着紧密的关系，所以交联电缆的可靠性将在很大程度上取决于绝缘的实际运行温度，即导体温度。电缆接头的导体压接不良、火灾等都会引起局部过热，电缆线路周围环境、土壤热阻系数的变化对绝缘的运行温度影响也很大。

4. 载流量

为确保电缆能够安全、正常运行，又能充分发挥电缆线路的输送能力，精确预测电缆的载流量具有重要意义。电缆载流量是指一条电缆线路在输送电能时允许通过的最大电流量。在热稳定条件下，当电缆导体达到长期允许工作温度时的电缆载流量称为电缆长期允许载流量。电缆载流量与导体线芯的截面积有关，也与导体线芯的材料、型号、电缆结构及组成、敷设方法以及环境温度等有关，影响因素较多且复杂。

5. 接地电流

高压电缆线路投入运行后，可以检测其金属护层中的接地电流。接地电流主要包括电容电流、电导电流和感应环流。电导电流幅值非常小，可以忽略不计；一般情况下，电容电流也较小；当电缆金属护层自身绝缘损伤、接地缺陷或故障等情况下，在金属护层的接地回路中将产生感应环流，称为接地感应环流，其可作为高压电缆护层及接地等故障状态的判定依据。

6. 热机械应力及应变

对于大截面高压电缆而言，在负载电流及环境温度变化时，由于电缆线芯温度的变化引起的热胀冷缩所产生的机械应力是巨大的，这种机械应力称为热机械应力；热机械应力对电缆及附件内部结构造成的变形程度称为热机械应变。由于采用交联聚乙烯固态绝缘形态的高压电缆在高温下压缩弹性模量较低，因此其热机械应力造成的电缆热伸缩将对电缆线路可靠运行造成不利影响。热机械应力及应变的变化可作为大截面高压电缆线路在复杂运行环境下敷设与固定状态是否正常的评判依据。

7. 环境温度、有害气体与水位

电缆隧道的环境温度与火情直接相关，一旦出现高温报警情况，应及时关闭防火门并停止风机运行，防止火情扩大，减少火情带来的损失。隧道内的有害气体（主要指可燃气体）可威胁运维人员人身安全。对可燃气体的准确探测、及时报警和自动启动排风系统，可有效保护隧道内工作人员的身体健康，减少事故的发生。电缆隧道内的积水如果不能及时排出，不仅会影响电缆隧道内的环境，而且会加速电缆的老化，所以水位监测和及时排水对于电缆隧道维护意义重大。

根据电缆故障原因统计分析，运行巡检作为常规手段，能有效减少市政施工等外力破坏对电缆线路的影响；由于交联电缆自身材料的原因，其对局部放电的敏感性较强，局部放电检测能有效发现绝缘缺陷，避免突发性故障的产生。

国内外交联电缆缺陷/故障模式分析和状态量检测手段及分析结果见表1-2。

表 1-2 交联电缆缺陷/故障模式分析和状态量检测手段及分析结果

序号	故障部位	原因	后果	发生概率	影响	状态量检测手段	有效性
1	本体	第三方破坏	立即故障（送电中断/不能加压）	高	影响系统安全；送电中断	巡检	有效
2	本体	外护套损坏（第三方破坏，脆弱性，溶剂、油、沥青等的外部污染物）	金属套锈蚀，水分入侵（导致无径向不透水阻隔层电缆的水树老化）/护套耐压值升高/交叉互联失效	高	外护套绝缘电阻降低、丧失，多点接地	外护套绝缘电阻试验；环流测试	有效
3	本体	金属套损坏（第三方破坏、腐蚀、疲劳损伤）	水分入侵（导致无径向不透水阻隔层电缆的水树老化）/护套耐压值升高/交叉互联失效	高	加速绝缘老化；外护套绝缘电阻丧失	外护套绝缘电阻试验；环流测试	有效
4	本体	水分入侵绝缘部分	老化，水树	低	加速老化	$\tan\delta$ 测量；电压试验	基本有效
5	本体	过热导致的绝缘热老化（干燥的土壤，过负荷）	绝缘强度下降	低	本体温度升高、加速绝缘老化	过热点监测（单点温度测量或分布式光纤测温系统温度监测）	有效
6	本体	验收试验和厂家质量控制未发现的缺陷，将导致电应力的局部集中	电应力局部升高	低	早期击穿；绝缘劣化	局部放电测量；故障前短时间内可测局部放电升高	基本有效
7	本体	老化：半导电层分离	电应力局部升高	低（但依赖于结构）	局部放电升高；早期击穿	局部放电测量；X 射线检查	基本有效

续表

序号	故障部位	原因	后果	发生概率	影响	状态量检测手段	有效性
8	本体	外部机械应力（地面变化，蛇形敷设热延伸收缩，不正确的箍位）	电应力局部集中	低	电缆及附件位移、击穿； 局部放电升高	电缆路径检查和箝位设计查对； 局部放电试验； 电压试验	有效
9	接头	安装错误导致的电应力集中	电应力局部集中	中等	局部放电； 局部高温，接头击穿	局部放电测量； 故障前短时间内可测局部放电升高	有效
10	接头	安装错误导致的局部发热	局部过热和绝缘损坏	低	局部放电； 局部高温，接头击穿	局部放电测量； 接头X射线成像； 分布式光纤测温系统温度监测； 红外检测	有效
11	接头	安装错误导致的密封不良	水分渗透，材料性能下降	低	局部放电； 局部高温，接头击穿	局部放电测量； 接头X射线成像； 分布式光纤测温系统温度监测； 红外检测； 电压试验	有效
12	接头	电缆位移（热循环或错误箝位）	护套破损	中等	系统环境	目视检查； 电阻试验	基本有效
13	接头	电缆位移（热循环或错误箝位）	打开金属箍，移动接头	低	系统安全	红外或X射线成像	有效
14	接头	老化：抱箍力不足	局部电应力集中	低	局部放电量升高	局部放电试验； 电压试验	基本有效

续表

序号	故障部位	原因	后果	发生概率	影响	状态量检测手段	有效性
15	接头	本体绝缘回缩	局部电应力集中	低	局部放电量升高	局部放电试验	有效
16	接头	预制接头：验收试验时未发现的缺陷	局部电应力集中	低	局部放电量升高	局部放电试验	有效
17	终端	热循环或箍位不正确导致的电缆位移	调整应力锥位置	低	应力锥位置改变； 影响系统安全	局部放电试验； 红外或X射线成像	有效
18	终端	机械冲击导致的外部损坏	局部电应力集中/沿面应力集中	低	影响系统环境	目视检查	基本有效
19	终端	安装错误导致的局部电应力集中	局部电应力集中	高	局部放电量升高，早期击穿	局部放电试验； 电压试验	有效
20	终端	安装错误：密封不良	水分渗透导致材料性能下降	低	局部放电量升高，早期击穿； 绝缘油水分含量超标	局部放电测量； 水分含量测量； 焊接检查	有效
21	终端/界面	老化：误用材料导致的接触力不足	局部电应力集中	低	局部放电量升高，早期击穿	局部放电试验	有效
22	终端/界面	绝缘回缩	局部电应力集中	低	局部放电量升高，早期击穿	局部放电试验； 电压试验	有效
23	终端	绝缘油/SF_6泄漏	气体：电介质应力下降； 油：电压分布不均	中	气压下降； 油压下降； 终端漏油	气压的连续监测/报警/SF_6嗅探器和摄像机能帮助定位泄漏位置/油压的连续监测/报警/油厚度和周围地面检查	有效

续表

序号	故障部位	原因	后果	发生概率	影响	状态量检测手段	有效性
24	终端	绝缘油杂质/SF_6气体老化	绝缘介质强度下降；局部电应力集中	低	局部放电量升高，早期击穿	局部放电测量；绝缘油理化分析	有效
25	终端	户外终端外绝缘污染	泄漏电流	低（但依赖于地域）	泄漏电流	目视检查或紫外线成像检测；泄漏电流测量	有效
26	终端	户外终端外绝缘外部污染	憎水性下降	高	系统表面自由能下降	表面润湿特性（STRI法）；水滴接触角	有效
27	终端	户外终端内在污染	绝缘表面粉化导致憎水性下降	低	绝缘击穿或外绝缘闪络	电压试验；外绝缘观察	基本有效
28	终端	形成绝缘闪络通道	电应力升高	低	绝缘击穿或外绝缘闪络	局部放电试验；电压试验	有效
29	终端	瓷套机械损伤	绝缘物漏出	低	系统安全	目视检查	有效
30	附属设备	冷却系统（水或空气）故障	缺失冷却装置	中	绝缘热老化，早期击穿	周期巡视冷却系统/水压持续测量/警报/分布式光纤测温系统温度监测、红外检测	有效
31	附属设备	继电保护设备故障	警告信息缺失	低	影响系统环境安全	相关设备周期试验	有效
32	附属设备	水分入侵互联箱	互联箱锈蚀，过电压限制器故障，交叉互联功能降低	高	影响系统安全	互联箱周期巡检；观察	有效
33	附属设备	过电压限制器故障	切换或雷电冲击时外护套击穿	低	影响系统安全	过电压限制器电压试验	有效

续表

序号	故障部位	原因	后果	发生概率	影响	状态量检测手段	有效性
34	附属设备	安装导致接地电阻不均匀	交叉互联功能丧失，过载时有危险	低	金属套环流增大	接地电阻测量；环流测量	有效
35	附属设备	交叉互联箱进水	交叉互联功能丧失	低	绝缘电阻降低；环流增大	绝缘电阻测量；环流测量	有效

第三节 电缆线路 X 射线检测技术及应用现状

目前，X 射线成像检测在电网领域的应用主要有电力电缆制造过程中偏心度检测、输变电钢结构焊缝缺陷检测、绝缘件（如盆式绝缘子）制造过程中内部缺陷检测、GIS 等设备内部构件位置检测、合成绝缘子芯棒裂纹检测、开关设备 X 射线光谱分析等。

在电力电缆行业，制造厂利用 X 射线在生产线上实时检测电缆的偏心度。它主要是使 X 射线束垂直穿透电缆被多个射线传感器接收，由于不同材质或同材质而厚度不同造成对 X 射线的吸收不同，因此可以根据 X 射线的衰减规律得到一条光强曲线，通过该曲线就可以求出被测电缆的各项性能指标。X 射线检测能够在线非接触地全面判断电缆各包覆层的厚度、偏心量等。

基于 X 射线的电力电缆无损检测技术有很多优势，主要包括：①能在不破坏电缆设备的基础上，查看电缆设备的内部情况，及时发现电缆设备的潜在运行隐患（如外力破坏伤及电缆主绝缘、电缆应力锥移位、半导电层处理不良、铜带处理不良等），避免电缆设备意外击穿造成的停电事故；②在一定程度上减少了电缆设备的更换频度（可及时发现未威胁电缆正常运行的微小缺陷），减少了电网设备的重复投资。

另外，国内部分研究机构对现场缺陷使用过 X 射线无损胶片检测技术，但该方法存在无法直观测试、现场调节难度大、成像不清晰难以准确判断、底片清洗材料污染大、测试时间长、安全风险加大等问题，因此不利于现场推广应用。

第二章　X 射线检测技术基础

第一节　X 射线简介

一、射线及其分类

在物理学上，射线又称为辐射，是由各种放射性核素（如铀 235）或者原子、电子、中子等粒子在能量交换过程中发射出的、具有特定能量的粒子或光子束流。常见的射线包括 X 射线、质子射线和 α 射线、电子射线和 β 射线、γ 射线以及中子射线。通常将射线分为电磁辐射和粒子辐射两类，X 射线就属于电磁辐射。

（1）X 射线是在 X 射线管中产生的，相关细节会在后续章节进行详细说明。

（2）质子射线和 α 射线都是带正电的粒子流。质子射线可由加速器获得；α 射线是放射性同位素在 α 衰变过程中产生的，α 粒子就是氦的原子核。

（3）电子射线和 β 射线都是由电子组成的。电子射线是利用加速器或者其他高压电子获得的；而 β 射线是 β 衰变过程中从原子核内发出的。

（4）γ 射线是放射性同位素经过 α 衰变和 β 衰变后，在激发态向稳定态过渡的过程中从原子核内发出的，这一过程称为 γ 衰变，又称 γ 跃迁。γ 跃迁是核内能级之间的跃迁，与原子的核外电子一样，都可以放出光子，光子的能量等于跃迁前后两能级能值之差。不同的是，原子的核外电子跃迁放出来的光子能量在几电子伏到几千电子伏之间，而核内能级的跃迁放出的 γ 光子能量在几千电子伏到十几兆电子伏之间。

（5）中子射线是一束中子流，可以通过放射性同位素、加速器或者核反应获得中子。

二、X 射线的性质

X 射线和红外线、紫外线、可见光、微波等都属于同一范畴，都是电磁波的一种，其在电磁波图谱上的位置如图 2-1 所示。

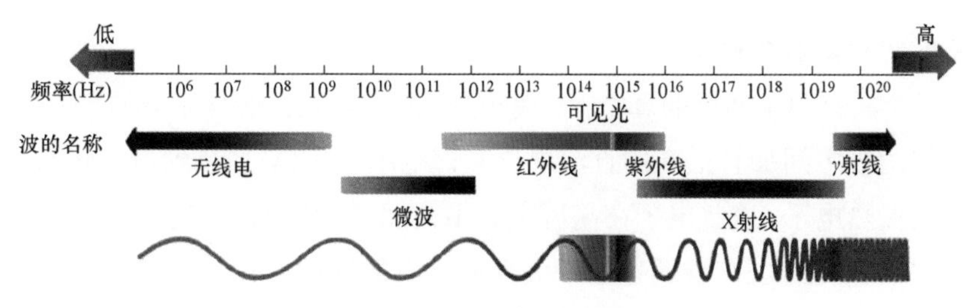

图 2-1　电磁波谱示意图

按电磁波的基本特性，X 射线具有以下性质：

（1）在空间中以光速传播。

（2）本身不带电，不受电场和磁场的影响。

（3）在媒质界面可以发生反射和折射，但 X 射线和 γ 射线只能发生漫反射，而不能像可见光那样产生镜面反射。X 射线和 γ 射线的折射系数非常接近于 1，所以折射的方向改变不明显，可以认为是直线传播。

（4）可以发生干涉和衍射现象，但只能在非常小的，例如晶体组成的光栅中才能发生这种现象。

（5）不可见，能够穿透可见光不能穿透的物质。

（6）在穿透物质的过程中，会与物质发生复杂的物理和化学作用，例如电离作用、荧光作用、热作用以及光化学作用等。

（7）具有辐射生物效应，能够杀伤生物细胞，破坏生物组织。

三、X 射线的产生

目前工业中常用的用于产生 X 射线的设备主要有 X 射线机和加速器两种。X 射线机主要产生低能（1MeV 以下）X 射线，如图 2-2 所示。

图 2-2　X 射线机

X射线管是射线机中产生X射线的部件，其基本结构如图2-3所示。X射线管是一个具有阴阳两极的真空管，阴极是钨丝，阳极是金属制成的靶（钨靶）。当在阴阳两极之间加有很高的直流电压（管电压），阴极加热到白炽状态时，将释放出大量热电子，这些电子在高压电场中被加速，从阴极飞向阳极（管电流），最终以很大速度撞击在金属靶上，失去所具有的动能；这些动能绝大部分转换为热能，仅有极少一部分转换为X射线向四周辐射。

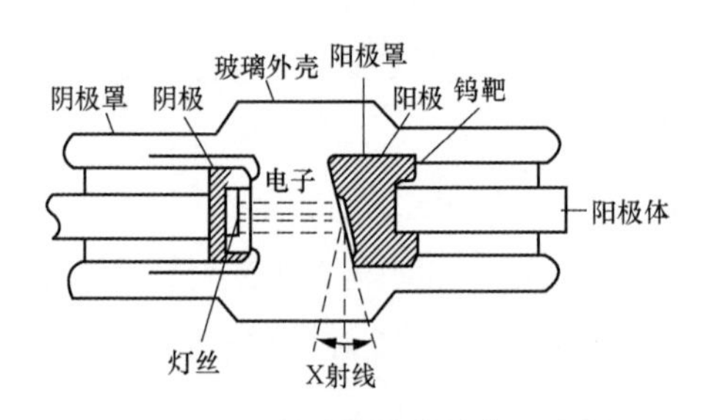

图2-3 X射线管基本结构示意图

X射线谱可分为两部分：一部分为连续谱，和管电压大小有关；另一部分为特征谱，和靶的材质有关。35kV管电压下铝靶和钨靶的X射线图谱如图2-4所示（a.u.指相对值）。

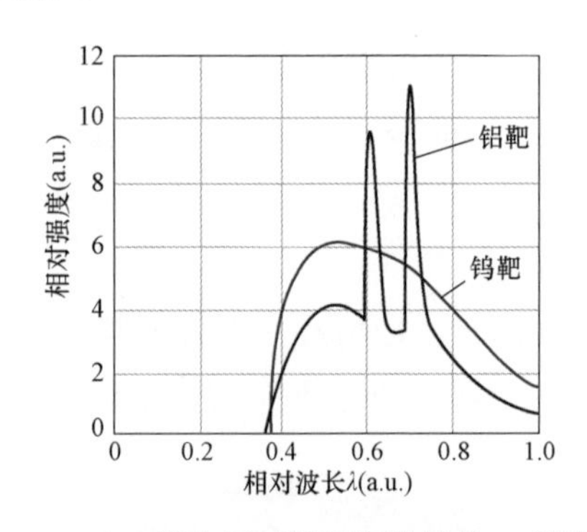

图2-4 35kV管电压下铝靶和钨靶的X射线图谱

第二节 X射线与物质的相互作用及X射线的衰减

一、X射线与物质的相互作用

射线通过物质时，会与物质发生相互作用而强度减弱，导致强度减弱的原因可分为吸收与散射两类：吸收是一种能量转换，光子的能量被物质吸收后变为其他形式的能量；散射会使光子的运动方向改变（发生散射的同时会使 X 光子的能量发生变化），其效果等于在束流中移去入射光子。在 X 射线能量范围内，光子与物质作用的主要形式有光电效应、康普顿效应和电子对效应，如图 2-5～图 2-7 所示。当光子能量较低时，还必须考虑瑞利散射。除此以外，还存在一些其他形式的相互作用，例如光核反应和核共振反应，但其发生概率很小，所以对射线检测的影响可忽略。

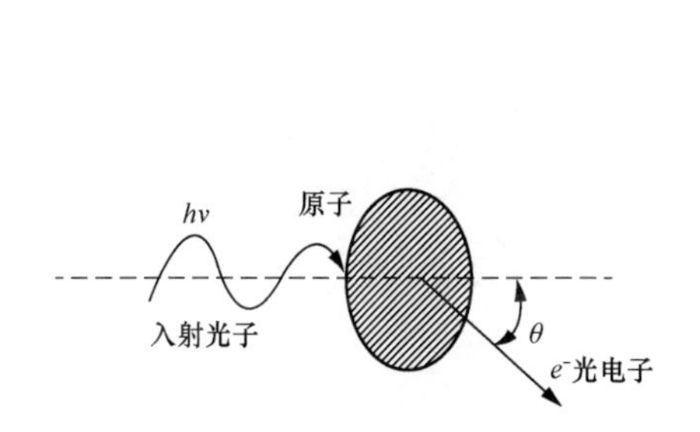

图 2-5　光电效应示意图

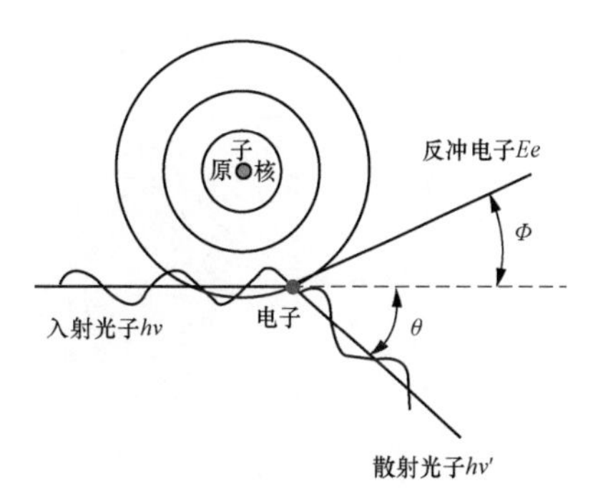

图 2-6　康普顿效应示意图

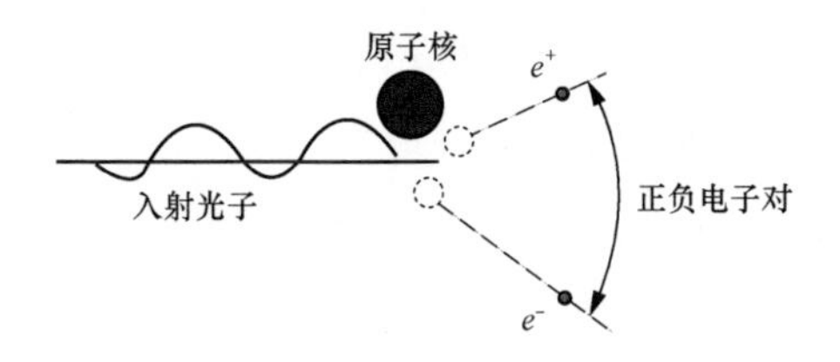

图 2-7　电子对效应示意图

二、X 射线的衰减

从前文叙述可知，当 X 射线射入物体时，其光子将与物质发生复杂的相互作用，主要的相互作用是光电效应、康普顿效应、电子对效应和瑞利散射，由于这些相互作用使从物体透射的一次射线强度低于入射射线强度，这称为射线强度发生了衰减。

按射线的能量，可以将射线分为单色射线和多色射线。

（1）单色射线是指射线的能量是单一的，即射线只含有一种能量的光子，也就是射线是单一波长的。类似于可见光中不同波长的光具有不同的颜色，单一能量的射线称为单色射线。

（2）多色射线是指射线包含连续分布能量的射线，即射线含有不同能量的光子，或者说，射线的波长包含从一个波长到另一波长的一段波长范围。因此，它的射线谱应是一连续谱。通常X射线源在某一高压下产生的X射线就是多色射线。

在射线检测中，需把射线区分为宽束射线和窄束射线，它们的差别在于是否考虑散射线。如果到达探测器的射线只有一次射线，则称为窄束射线；如果到达探测器的射线除了一次射线外还含有散射线，则称为宽束射线。窄束射线和宽束射线如图2-8所示。透射的一次射线一般记为ID，透射的散射线一般记为IS。

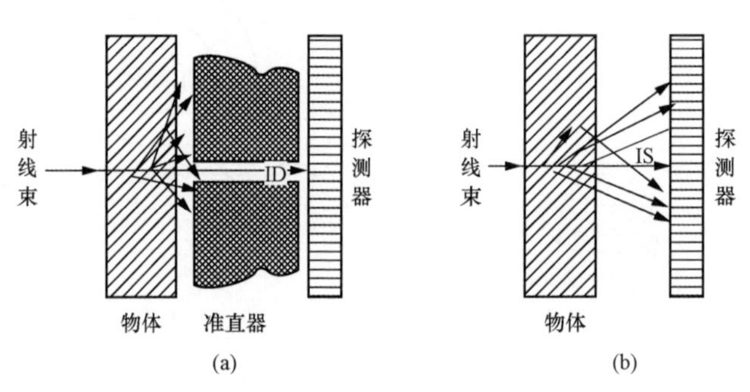

图2-8 窄束射线和宽束射线示意图

（a）窄束射线；（b）宽束射线

1. 窄束单色射线的强度衰减规律

由上节讨论的射线与物质相互作用可知，射线通过一定厚度物质时，有些光子与物质发生作用，有些则没有。X射线的光子与物质发生作用的形式分为光电效应、康普顿效应、电子对效应以及瑞利散射：如果光子与物质发生的相互作用是光电效应和电子对效应，则光子被物质吸收；如果光子与物质发生康普顿效应和瑞利散射，则光子被散射。散射光子也可能穿过物质层，这样通过物质的射线通常由三部分组成：①未与物质发生相互作用的光子，其能量和方向均没有发生改变，称为透射射线；②发生过一次或多次康普顿效应的光子，其能量和方向都发生了改变；③瑞利散射，瑞利散射相对于入射线来说只是一种波长不变而方向改变的次级辐射。后两个组成部分称为散射线。

窄束射线是不包括散射线成分的射线束，通过物质后的射线束仅由未与物质发生相互作用的光子组成。“窄束”一词是实验时，通过准直器得到细小的辐射束流而取名，并不具有几何学“细小”的意义；即使射线束有一定宽度，只要其中没有散射线成分，便可称其为窄束。

单色是指由单一波长组成的射线，或者是说，由相同能量光子组成的辐射束流，又称为单能辐射。

设辐射的原始强度或入射强度为 I_0，当射线通过厚度为 T 的薄层物质后，其一次透射射线强度为 I，将 ΔI 记为射线强度变化量，则满足以下规律：

$$\Delta I=\mu I_0T \quad (2-1)$$

式中 μ——线衰减系数。

即射线通过薄层物质时，强度减弱与物质厚度及辐射初始强度成正比，同时与 μ 的数值有关。

将式（2-1）积分，并设 T=0 时，$I=I_0$，即可得窄束单色射线强度衰减公式：

$$I=I_0e^{\mu T} \quad (2-2)$$

线衰减系数 μ 表示射线通过单位厚度物质时，与物质相互作用的概率，它与射线能量、物质的原子序数和密度有关。对于同一种物质，射线能量不同时衰减系数不同。对于同一能量的射线，在通过不同物质时，其线衰减系数也不同。表 2-1 为常见材料的线衰减系数。

表 2-1　　常见材料的线衰减系数

射线能量（MeV）	水	碳	铝	铁	铜	铅	聚乙烯	绝缘硅油	瓷件
0.25	0.121	0.26	0.29	0.80	0.91	2.7	0.118	0.119	0.29
0.50	0.095	0.20	0.22	0.665	0.70	1.8	0.092	0.094	0.22
1.00	0.069	0.15	0.16	0.469	0.50	0.8	0.065	0.067	0.16
1.50	0.058	0.12	0.132	0.370	0.41	0.58	0.055	0.056	0.132
2.00	0.050	0.10	0.150	0.313	0.35	0.48	0.044	0.045	0.150
3.00	0.041	0.083	0.100	0.270	0.32	0.42	0.039	0.039	0.100
5.00	0.030	0.067	0.075	0.244	0.27	0.48	0.027	0.028	0.075
7.00	0.025	0.061	0.068	0.233	0.30	0.53	0.022	0.023	0.068
10.00	0.022	0.054	0.061	0.214	0.31	0.60	0.020	0.020	0.061

2. 宽束多色射线的强度衰减规律

工业探伤中应用的射线不是窄束单色射线，到达探测器的束流中总是包含有散射线的成分，这样的射线称为宽束射线。单色的图像需要处理校正，不能直接应用，因此现有的 X 射线设备主要为宽束多色射线，束流中的光子往往也不具有相同能量。X 射线的波长是连续变化的，称为白色射线。宽束多色射线通过物质时，强度衰减具有一些不同于窄束单色射线的特点，因此式（2-2）不适用于宽束多色射线。

射线在穿透物质过程中与物质相互作用，除了直线前进的透射射线外，还会产生散乱射线、荧光 X 射线、光电子、反冲电子、俄歇电子等向各个方向射出。其中，各种电子穿透物质能力很弱，很容易被物质本身或空气吸收；而荧光 X 射线能量较低，也很容易被吸收，一般不会造成影响。所以，对射线成像产生影响的散射线来自康普顿效应，在较低能量范围则是来自相干散射。

如果射线束不是由单一能量的光子组成，而是由几种不同能量的光子组成，那么它通过物质时的强度衰减将变得更复杂一些。因为光子的能量不同，其衰减系数不同，与物质相互作用强度减弱的程度不同。

设一束多色射线的初始强度为 I_0，其中不同能量的光子束流强度分别为 I_{01}、I_{02}、…，I_{0n} 在物质中的衰减系数分别为 μ_1、μ_2、…，μ_n，一次透过射线的总强度为 I，不同能量射线的分强度为 I_1、I_2、…，I_n 则以下关系式成立：

$$\begin{cases} I_0 = I_{01} + I_{02} + \cdots + I_{0n} \\ I = I_1 + I_2 + \cdots + I_n \end{cases} \tag{2-3}$$

考虑总的衰减结果，可得到多色射线强度衰减公式：

$$I = I_0 e^{\bar{\mu} T} \tag{2-4}$$

式中　$\bar{\mu}$——平均衰减系数。

多色射线穿透物质的过程中，能量较低的射线分量强度衰减多，而能量较高的射线分量强度衰减相对较少，这样，透射射线的平均能量将高于初始射线的平均能量，此过程被称为多色射线穿透物质过程的线质硬化（高能量 X 射线成分增多）现象。随着穿透厚度的增加，线质逐渐变硬。平均衰减系数 $\bar{\mu}$ 的数值逐渐减小，而平均半价层 T_h 值将逐渐增大。射线通过物质时的强度衰减遵循指数规律，衰减情况不仅与吸收物质的性质和厚度有关，而且还取决于辐射自身的性质。连续谱 X 射线穿透物体后的强度分布变化如图 2-9 所示。

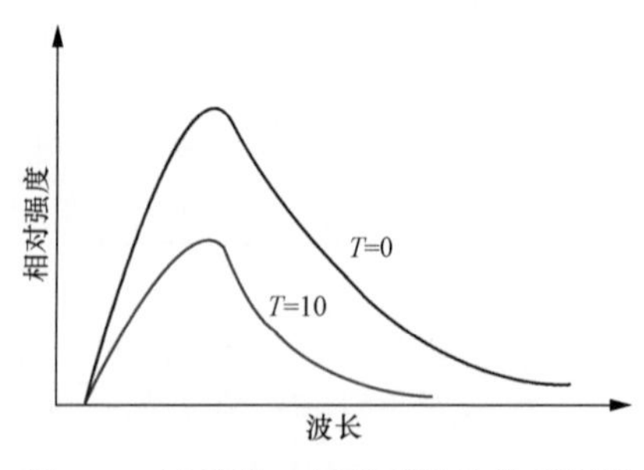

图 2-9　连续谱 X 射线穿透物体后强度分布变化示意图

第三节 X 射线检测原理与分类

X 射线检测技术广泛应用于工业、医学、农业、航空航天、安防等各个领域，如 X 射线探伤、公共场所安全检查、材料 X 射线荧光光谱分析等。对于电力电缆射线检测，可归为 X 射线探伤的范畴，本节将重点对相关的概念进行介绍。

一、X 射线检测基本原理

从前文可知，射线在穿透物体过程中会与物质发生相互作用，因吸收和散射而使其强度减弱，强度衰减程度取决于物质的衰减系数和射线在物质中穿越的厚度。如果被透照物体（试件）的局部存在缺陷或透照厚度有差异，且构成缺陷的物质的衰减系数又不同于试件，该局部区域的透过射线强度就会与周围产生差异。把胶片放在适当位置使其在透过射线的作用下感光，经暗室处理后得到底片。底片上各点的黑化程度取决于射线照射量（又称曝光量），由于缺陷部位和完好部位的透射射线强度不同，底片上相应部位就会出现黑度差异，底片上相邻区域的黑度差定义为对比度（又称反差）。把底片放在观片灯光屏上借助透过光线观察，可以看到由对比度构成的不同形状的影像，评片人员据此判断缺陷或结构情况并评价试件质量。射线透照如图 2-10 所示，可以看到射线束经过阶梯状的工件后在底片上形成的影像，影像间接反映了工件的阶梯状的厚度差。

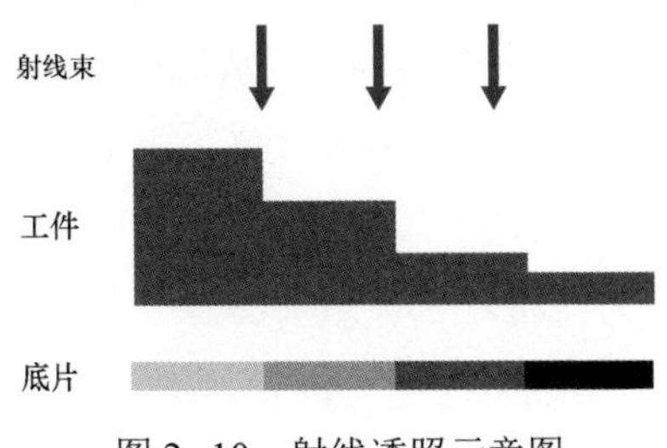

图 2-10 射线透照示意图

二、X 射线检测的分类

按读出方式不同，可将 X 射线检测分为三类，包括胶片照相技术、计算机 X 射线照相技术（CR 技术）和 X 射线实时成像检测技术（DR 技术）。

1. 胶片照相技术

胶片照相技术，即 X 射线胶片成像无损检测方法已经有百年的历史了，它是应用最广泛和最基本的检测方法。该技术主要是将胶片作为成像器件。检测时，把胶片放在适当的位置，使其在透过射线的作用下感光，经暗室显影、定影、水洗、干燥处理，再将干燥的底片放在观片灯上观察；根据底片上有缺陷部位与无缺陷部位的黑度图像不一样，就可判断出缺陷的种类、数量、大小等。其优点是：

（1）无需复杂的检测设备，可达到很高的空间分辨率。

（2）根据检测要求可以选择胶片参数，如宽容度和颗粒度等。

（3）人们具有长期使用胶片所积累的经验。

其缺点是：

（1）不能满足数字化成像、实时检测与评估的要求。

（2）由于胶片成像需要高质量的胶片，需要费时、费力的处理过程，因此成本高，而且还会造成环境污染。

（3）胶片无法记录缓慢的工件变化。

（4）胶片的保存和管理受保存年限的限制，不像电子档案那样易于交换和管理。

2. 计算机X射线照相技术（CR技术）

CR技术，是指将X射线透过工件后的信息记录在成像板（又称IP板，image plate，IP）上，经激光扫描装置读取，再由计算机产生出数字化图像的技术。整个CR系统由X射线机、成像板、激光扫描仪、数字图像处理软件和计算机组成。

3. X射线实时成像检测技术（DR技术）

DR技术，是指在X射线曝光的同时即可观察到所产生的图像的检测技术。X射线透过工件后被图像采集器接收，图像采集器将采集到的数字信号转换为数字图像，经计算机处理后，还原在显示器屏幕上。图像采集速度要求能够达到25帧/s（PLA制式）或30帧/s（NTSC制式）。

第四节　影响X射线检测质量的因素

被检测工件内部存在厚度差，射线穿透工件后，不同厚度区域透过射线的强度不同，成像板感光后得到的影像在不同部位就会产生不同的黑度。被检工件内部信息通过不同黑度的阴影来体现，阴影和背景的黑度差称为影像的对比度。影像的对比度越大，就越容易被观察和识别。评价射线照相影像质量最重要的指标是射线照相灵敏度，它是指在射线底片上可以识别的细小影像及观察到的最小尺寸。数字化X射线成像技术的质量指标主要包括像素、亮度、图像分辨率、图像不清晰度和图像对比度。成像质量与成像检测工艺方法相关，即与成像检测的管电压、管电流、焦点尺寸、散射线、投影放大率等关键参数选择有关。

一、图像构成的要素

系统图像的构成要素包括像素和亮度。

1. 像素

像素是构成数字图像的最小组成单元和显示图像中可识别的最小几何尺寸。如果把数字图像放大许多倍，会发现这些连续图像其实是由许多小点组成，像素越多、单个像素的尺寸越小，图像的分辨率就越高。

2. 亮度

像素的亮度又称为灰度，其变化范围取决于模/数转换位数，用二进制数 bit 表示。如果是 8bit 模/数转换，则亮度可分为 2^8 即 256 个级别。现场 CR 系统亮度能达到 16bit，DR 系统亮度能达到 14bit。随着技术的不断发展，亮度范围也会越来越大。

二、图像的质量指标

X 射线数字成像系统的主要指标有图像分辨率、图像不清晰度、几何不清晰度、固有不清晰度和图像对比度。

1. 图像分辨率

图像分辨率又称为图像空间分辨率，是显示图像中两个相邻的细节的分辨能力，用每毫米范围内的可识别线对数表示，单位为线对/毫米（LP/mm）。图像分辨率可采用线对测试卡测定，在显示屏上观察射线检测图像分辨率测试计的影像，观察到栅条刚好分离的一组线对，则该线对所对应的值即为图像分辨率。线对值越大，图像分辨率越高。

2. 图像不清晰度

图像不清晰度是评价图像清晰程度的物理量，一个明锐的边界成像后的影像会变得模糊，模糊区域的宽度（半影区）即为图像的不清晰度，单位是毫米（mm）。影响图像不清晰度的因素主要是几何不清晰度 U_g 和荧光屏的固有不清晰度 U_i。

3. 几何不清晰度 U_g

由于 X 射线管的焦点有一定尺寸，因此透照工件时，工件表面的轮廓或工件中的缺陷在成像板上的影像边缘会产生一定宽度的半影，此半影宽度就是几何不清晰度 U_g，其计算式为：

$$U_g = \frac{d_f b}{f - b} \tag{2-5}$$

式中 d_f——焦点尺寸；

f——焦点至成像板的距离；

b——缺陷至成像板的距离。

由式（2-5）可知，几何不清晰度与焦点尺寸、焦点至成像板的距离有关。在焦点尺寸和工件厚度给定的情况下，为获得较小的 U_g 值，透照时就要取较大的焦距 f；但由于射线强度与距离的平方成反比，如果要保证影像黑度不变，在增大焦距的同时就必须延长曝光时间或提高管电压，因此对此要综合权衡考虑。由于在成像时 DR 系统的成像板不能弯曲紧贴设备，因此 DR 系统的几何不清晰度比 CR 系统大。

4. 固有不清晰度 U_i

固有不清晰度是由照射到成像板上射线的散射所产生的。一方面，CR 系统由于自身的结构，在受到 X 射线照射时，成像板中的磷粒子使 X 射线存在散射，从而引起潜像模糊；另一方面是在读出影像的过程中，扫描仪的激发光在穿过成像板时产生散射，沿着路径形成受激荧光，使图像模糊，从而影响了图像的不清晰度。而非晶硅的 DR 系统因为是间接成像，其闪烁层产生的光线在到达光电探测器前，也会出现轻微的散射，但相对于 CR 系统，DR 系统的固有不清晰度还是小得多。对于电网设备的 X 射线检测，这两种方法都能达到检测的要求。

5. 图像对比度

图像对比度是指影像中可识别的透照厚度百分比，即 $\Delta T/T$。图像对比度 C 与亮度有关，即：

$$C = \gamma(\Delta B / B) \tag{2-6}$$

式中 C——图像对比度；

B——亮度；

ΔB——亮度差值；

γ——亮度系数。

三、检测工艺关键技术参数对成像质量的影响

X 射线数字成像系统首先是由有一定尺寸的源发出来的，在穿透物体时要被衰减、散射、硬化等，到达数字成像器件时被转换为电信号并利用计算机读出，在屏幕上以亮度的形式进行显示。在此过程中的每一环节均可使图像质量下降、引入噪声，因此，分析研究成像过程中各环节对成像质量的影响，寻求校正方法，对提高成像质量非常重要。

1. 射线成像灵敏度

评价射线成像很重要的一个指标就是射线成像灵敏度。所谓射线成像灵敏度，从定量方面来说，是指可以观察到的最小细节尺寸；从定性方面来说，是指发现和识别细小影像的难易程度。假设被检测物体为一内部带有微小缺陷的铸件，可识别的最小缺陷尺寸与射线透照厚度的百分比称为相对灵敏度，其公式如下：

$$K = \frac{d}{T} \times 100\% \tag{2-7}$$

式中　K——以百分数表示的射线检测相对灵敏度，%；

T——被检测物体的穿透厚度，mm；

d——图像上可以辨认的最小缺陷的直径，mm。

为便于定量研究射线成像灵敏度，常用与被检工件的厚度有一定百分比关系的像质计作为底片或实时成像影像质量的评测工具，这种像质计的灵敏度间接地定性反映出射线成像对最小细节的检出能力。

实时成像和胶片成像有很多相同或相似的地方，下面主要介绍相对成熟的胶片照相的情况以及和实时成像的区别。

胶片成像灵敏度是射线成像对比度（小缺陷或细节与其周围背景的黑度差）、不清晰度（影像轮廓边缘黑度过渡区的宽度）、颗粒度（影像黑度的不均匀程度，在数字成像系统中可看作是成像器件成像单元的几何尺寸）三大要素的综合结果，而三大要素又分别受不同因素的影响。

2. 对比度

射线底片的对比度 ΔD 是主因对比度 $\mu\Delta T/(1+n)$ 和胶片对比度 γ 共同作用的结果：主因对比度是构成底片对比度的根本原因；而胶片对比度可以看作是主因对比度的放大系数，通常这个系数为 3～6。

影响主因对比度的因素有厚度差 ΔT、衰减系数 μ 和散射比 n。

（1）厚度差 ΔT 与缺陷尺寸有关，某些情况下还与透照方向有关。对于具有方向性的面积型缺陷，如裂纹、未熔合等，透照方向与 ΔT 的关系特别明显。为提高成像对比度，就必须考虑选择适当的透照方向或控制一定的透照角度，以求得到较大的厚度差。

（2）衰减系数 μ 与试件材质和射线能量有关。在试件材质给定的情况下，透照的射线能量越低，线质越软，μ 值越大。在保证射线穿透力的前提下，选择能量较低的射线进行成像，是增大对比度的常用方法。

（3）减小散射比 n 可以提高对比度，因此透照时必须采取有效措施控制和屏蔽散射线，设备研制时应特别注意。

在测试当中，也会遇到小缺陷测试。所谓小缺陷，是指横向（垂直于射线束方向）尺寸远小于射线源的焦点尺寸的缺陷。影响对比度的成像几何条件主要是指射线源焦点尺寸 d_f、射线源到缺陷的距离 L_1 以及缺陷到胶片的距离 L_2。

射线照相几何条件对对比度的影响如图 2-11 所示。正常情况下，底片上缺陷影像由本影和半影组成，如图 2-11（a）所示；但随着 d_f 的增大、L_2 的增大或 L_1 的减小，缺陷影像的本影区域将缩小，半影区域将扩大，逐渐达到一种临界状态，即本影缩小为一个点，如图 2-11（b）所示；如果 d_f 进一步增大，L_2 增大或 L_1 缩小，则情况如图 2-11（c）所示，缺陷的本影将消失，其影像只由半影构成，对比度将显著下降。

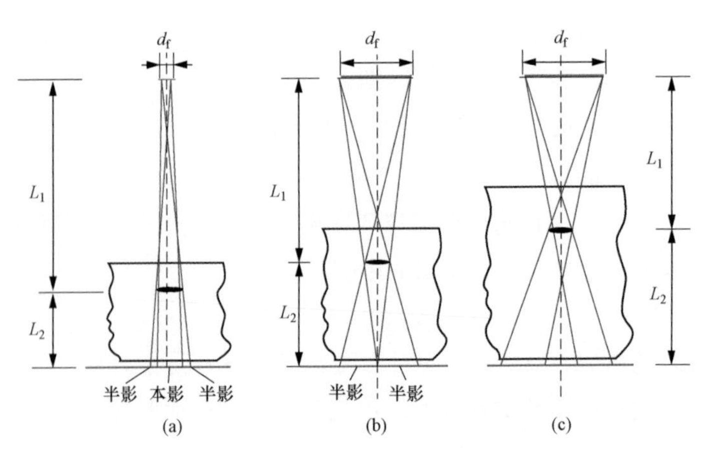

图 2-11　射线照相几何条件对对比度的影响示意图

（a）本影和半影构成的缺陷影像；（b）本影缩小为点的缺陷影像；（c）半影构成的缺陷影像

对小缺陷来说，成像的几何条件也会影响其影像对比度，由于影响对比度的成像几何条件主要是指射线源焦点尺寸 d_f、射线源到缺陷的距离 L_1 以及缺陷到胶片的距离 L_2，因此必须针对不同电缆及附件集中性缺陷特征进行针对性的检测工艺研究（如 d_f、L_1、L_2 以及拍摄角度的选择等），以提高成像质量，便于缺陷性质的判断。

3. 射线成像不清晰度

阶边影像的射线成像不清晰度如图 2-12 所示，用一束垂直于试件表面的射线透照一个金属台阶试块，理论上理想的射线底片将由两部分亮度区域组成，一部分是试件 AO 部分形成的高亮度均匀区，另一部分是试件 OB 形成的低亮度均匀区，两部分交界处的亮度是突变，不连续的，如图 2-12（a）所示；但实际上底片上的黑度变化并不是突变的，试件的阶边影像是模糊的，影像的亮度变化如图 2-12（b）或（c）所示，存在着一个黑度过渡区，把黑度在该区域的变化绘成曲线，称为黑度分布曲线或不清晰度曲线。很明显，黑度变化区域的宽度越大，影像的轮廓就越模糊，所以该黑度变化区域的宽度就定义为射线成像的不清晰度 U。

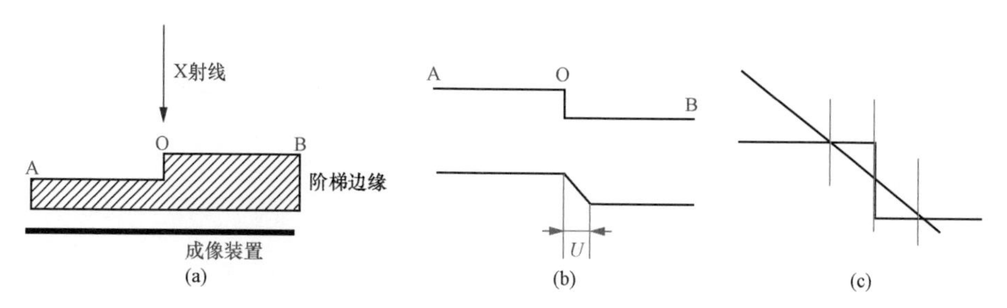

图 2-12　阶边影像的射线成像不清晰度示意图

（a）试件 AOB；（b）黑度过渡区 U；（c）黑度变化区域

射线成像不清晰度主要是由两方面因素构成，即由于射线源有一定尺寸而引起的几何不清晰度 U_g 以及由于电子在胶片乳剂中散射而引起的固有不清晰度 U_i。总的不清晰度 U 是 U_g 和 U_i 的综合结果。U 和 U_g、U_i 三者之间的关系有多种表达式，目前比较广泛采用的关系表达式为 $U=\sqrt[3]{U_g^3+U_i^3}$，在开展检测工艺研究时应注意该规律的影响。

4. 管电压

X 射线源的管电压是重要的工艺参数。管电压越高，射线波长越短，线质越硬，穿透能力越强。但射线质量直接影响着图像的对比度，因而线质并非越硬越好。

在材料给定的情况下，衬度主要取决于射线的波长即管电压，因此在穿透的前提下，射线能量越低或波长越长，数值也越大，图像的对比度也越大，即存在最佳线质。通过实验，采用同一台射线机、相同的成像装置、工艺条件和检测对象，在 3mA 和 4mA 的管电流，不同管电压下的灵敏度 K 见表 2-2。

表 2-2　不同管电压下的灵敏度 K　（%）

管电压（kV）		110	115	120	125	130	140	145
管电流（mA）	3	3.1	2.8	2.5	2	1.8	2	2.5
	4	2.8	2.5	2	1.8	1.56	1.8	2

注　实验条件：焦距 f=480mm，L_1=420mm，L_2=60mm，$d_f \times d_f$=0.4mm×0.4mm。

相对灵敏度随管电压的变化曲线如图 2-13 所示。

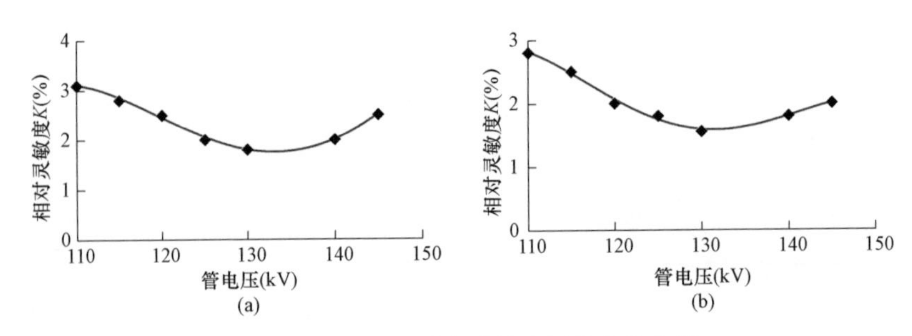

图 2-13　相对灵敏度随管电压的变化曲线

（a）I=3mA；（b）I=4mA

从图 2-13 可看出，在穿透前灵敏度随管电压的升高而提高，穿透之后灵敏度随管电压的升高反而下降，所以应在实验中应摸索出最佳的管电压值。

5. 管电流

X 射线源辐射场中的射线强度 J 与管电流 I、管电压 U、焦距 f、靶材料元素原子序数 Z 之间的关系如下式：

$$J = K_0 \times \frac{IU^2 Z}{f^2} \tag{2-8}$$

式中　K_0——常数。

由式（2-8）可以看出，射线强度 J 与管电流 I 成正比，管电流越高射线强度越大，从而图像亮度也随之提高。为此做了管电流强度对系统检测灵敏度 K 的影响实验，实验在不同的管电压值下进行，不同管电流下的灵敏度见表 2-3。

表 2-3　不同管电流下的灵敏度

管电压（kV）	管电流（mA）		
	2.0	3.0	4.0
110	3.50	3.10	2.80
120	2.80	2.50	2.00
130	2.30	1.80	1.56
140	2.50	2.00	1.80

注　实验条件：焦距 f=480mm，L_1=420mm，L_2=600mm，$d_f \times d_f$=0.4mm×0.4mm。

相对灵敏度随管电流的变化曲线如图 2-14 所示。

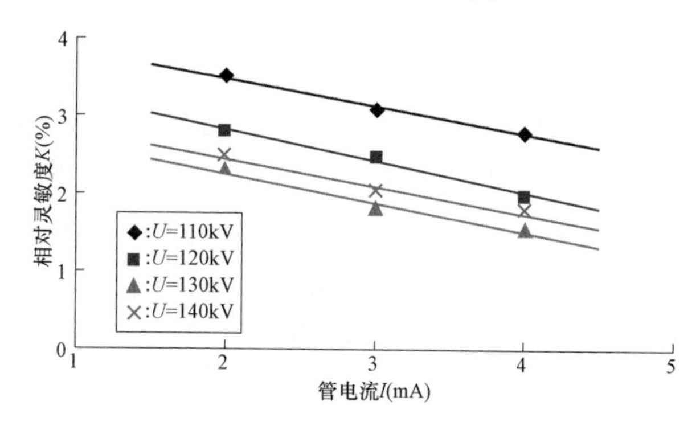

图 2-14　相对灵敏度随管电流变化曲线

从图 2-14 可以看出，随着管电流及射线强度的增加，相对灵敏度 K 几乎以线性关系下降，因此在焦点比负荷允许的情况下，系统工作点应尽量选择大电流。

6. 焦点尺寸

在射线实时成像中，射线源的焦点尺寸 d_f 直接影响到检测图像的几何不清晰度 U_g 以及图像的对比度。焦点尺寸与几何不清晰度的关系如图 2-15 所示，其数学关系为：

$$U_g = \frac{d_f L_2}{L_1} \tag{2-9}$$

式中 L_1——射线源到被检测物体的距离；

L_2——被检测物体到成像板的距离。

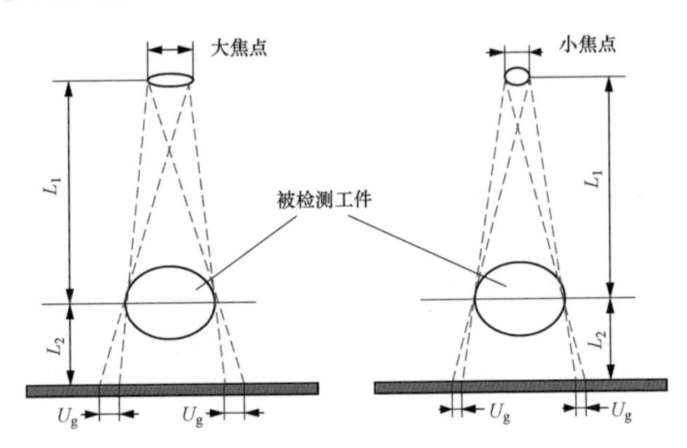

图 2-15 焦点尺寸对清晰度的影响

由式（2-9）可以看出，几何不清晰度 U_g 与焦点尺寸 d_f 成正比，即焦点尺寸 d_f 越大，清晰度越差，图像越模糊。

由于焦点尺寸的影响，物体上任一点在像面上成为一弥散斑。同样，像面上任一点的像也受到其他点像的影响，且焦点越大，其影响越大。鉴于这一点，在 X 射线检测中应尽量选用焦点尺寸较小的射线源，这样当被测物与接收面距离远小于它与射线源的距离时，焦点尺寸的影响可以得到很好的控制。可以看到，在不考虑其他噪声等因素影响的情况下，X 射线透射图像可以表示为：

$$\overline{w}(x,y) = w(x,y) \times f(x,y) \tag{2-10}$$

式中 $w(x,y)$——理想图像；

$\overline{w}(x,y)$——由于焦点影响而形成的实际图像；

$f(x,y)$——焦点图像。

这里，$\overline{w}(x,y)$ 为已知图像，$f(x,y)$ 可由焦点尺寸及成像系统的空间位置关系求出。可见式（2-10）可表示为：

$$\overline{w}(x,y) = \sum_{k=-\infty}^{\infty} w(k,l) \times f(x-k,y-l) \tag{2-11}$$

由几何成像关系及已知焦点的几何参数，可以获得焦点在像面上成像的大小，设焦点大小为 $d_f \times d_f$，则它在像面上引起的不清晰度为：

$$U_f = \frac{L_2}{L_1} d_f \tag{2-12}$$

这里与像面之间的对应关系可直接标定，这样就可以获得图像空间焦点的影响区域大小。另外，为了精确测定焦点尺寸的大小，提出了多针孔板影像法、金属丝法、相干光学处理法、多次曝光法等测定方法，以便对成像或拍片质量做出准确评判。

射线源的焦点尺寸还直接影响到检测图像对比度。对微小细节或透度计的对比度要考虑修正系数，图像对比度为：

$$\Delta D = \mu\gamma\sigma\Delta T / (1+n) \tag{2-13}$$

式中 ΔD——图像对比度；

μ——射线的线衰减系数；

γ——亮度系数；

σ——修正系数；

n——散射比；

ΔT——可识别的透照厚度。

当焦点尺寸 d_f 增大时，微小细节影像会被放大，修正系数 σ 就会急剧减小，图像对比度 ΔD 也会相应减小，从而使微小细节识别度降低。

由以上两个方面因素可知，射线源焦点尺寸对检测灵敏度有着较大的影响，为了提高系统检测灵敏度，射线源焦点尺寸越小越好。目前，国产工业探伤或者检测用 X 射线管的焦点尺寸都在毫米数量级。

为验证焦点尺寸对灵敏度的影响，采用一台具有双焦点的金属陶瓷 X 射线机作为研究对象，该射线机的大焦点尺寸为 3.0mm×3.0mm、小焦点尺寸为 0.4mm×0.4mm。实验在保持其他工艺参数不变的情况下，对大、小两种不同焦点在不同管电压下的灵敏度进行了对比，实验数据及曲线见表 2-4 及图 2-16 所示。

表 2-4　大、小两种焦点在不同管电压下的灵敏度　(%)

管电压（kV）	110	115	120	125	130	140	145
大焦点灵敏度	4.0	3.5	3.1	3.1	2.8	2.8	3.1
小焦点灵敏度	3.5	3.1	2.8	2.5	2.3	2.5	2.8

注　实验条件：焦距 f=480mm，L_2=60mm，L_1=420mm，管电流 I=2mA。

从图 2-16 中的实验结果可以得到焦点越小灵敏度越高的结论。但焦点越小，阴极电子集中在阳极靶的范围更小，阳极靶上的热量急剧增大，这对冷却系统要求很高，对最大管电流有一定限制。因此，小的焦点和大的管电流是一对矛盾。射线机焦点大小的选择需根据检测需求进行。

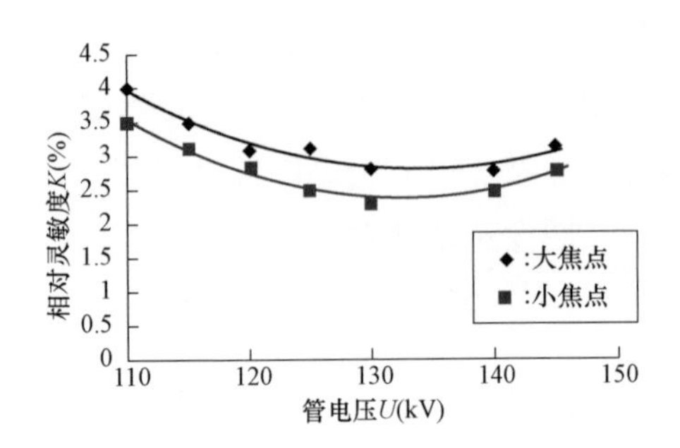

图 2-16　不同焦点尺寸在不同管电压下灵敏度

7. 焦距

X 射线管焦距 f 由 X 射线管到被检物体距离 L_1、被检物体厚度 T 和被检物体到成像板的距离 L_2 三部分组成，即 $f=L_1+T+L_2$。焦距对图像几何不清晰度 U_g 和灵敏度 K 起着重要的影响作用，随着焦距增大，射线的散射面积加大，促使几何不清晰度和灵敏度下降。

$$U_{\mathrm{g}}=\left(T+L_2\right)\frac{d}{L_1} \tag{2-14}$$

从式（2-9）可知，为减小几何不清晰度，应增长 L_1 或缩短 L_2。但是，在增长 L_1 或缩短 L_2 的同时，检测图像的放大比例也在降低。另外，由式（2-8）可知，射线强度 J 与焦距 f 的平方成反比，此即平方反比定律。随着 f 的增加，到达成像板的射线强度以平方反比关系下降，大大降低了图像的亮度，从而减小了检测灵敏度，微小细节将无法识别。不同焦距 f 下的灵敏度见表 2-5，焦距变化对灵敏度的影响曲线如图 2-17 所示。

表 2-5　　不同焦距下的灵敏度

f(mm)	450	500	550	600	650	700
L_2(mm)	39	440	490	540	590	640
d_{min}(mm)	0.114	0.160	0.160	0.184	0.184	0.200
K（%）	1.8	2.0	2.0	2.3	2.3	2.5

注　实验条件：管电压 U=125kV，管电流 I=4mA，L_2=60mm，$d_f \times d_f$=0.4mm×0.4mm。

由图 2-17 所示曲线可以看出，随焦距 f（及 L_2）的增加，虽然 U_g 下降，但由于辐射场扩散面积增大，到达图像增强器输入屏的射线强度以平方反比定律下降，大大降低了图像亮度，对灵敏度产生的影响超过了 U_g 的下降，促使图像灵敏度降低。为满足检验灵敏度要求，在 U_g 影响不甚严重的前提下，焦距 f（及 L_1）不可选得过长。

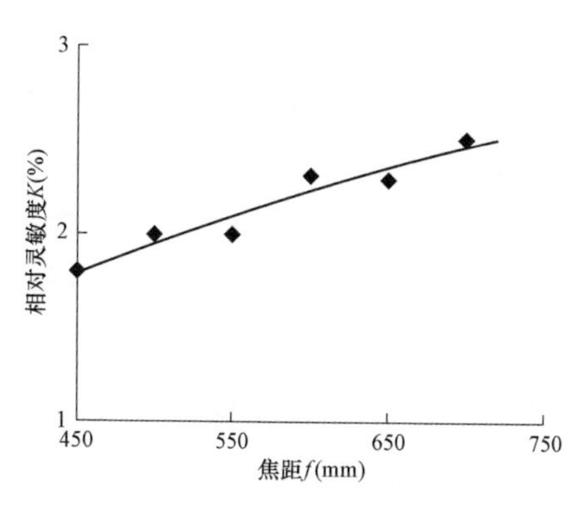

图 2-17　焦距变化对灵敏度影响曲线

在传统的胶片法射线照相中，为提高检测灵敏度，通常情况下几何不清晰度 U_g 要调整到与固有不清晰度 U_i 相等，通常按下式选用最佳焦距 f_{opt}：

$$f_{opt}=b\left(\frac{d_f}{U_i}+1\right) \tag{2-15}$$

式中　b——被检测物体表面至胶片的距离；

d_f——X 射线管焦点尺寸；

U_i——固有（或胶片）不清晰度。

8. 散射线

由 X 射线源所产生的 X 射线，除沿初级射线束方向产生有效的透射、显示被检测物体的质量外，在和物质相互作用的过程中还产生相当数量的散射线。散射线从各个不同方向投射到图像增强器上，造成图像对比度和清晰度下降，致使灵敏度降低。在式（2-13）中，n 被称为散射因子或散射比。

$$n=I_s/I' \tag{2-16}$$

n 即散乱射线强度与直接透射线强度之比。一般说来 n 的影响是不可忽视的，由式（2-13）可以看出，散射比 n 的值越大，图像对比度越低。为此，可以用以下方法来控制散射光子：

（1）限制入射束面积。由单次散射模型可以证明，一支 X 射线细束会在检测器上产生一展宽的曝光图。只要这个曝光图比入射束宽，则在任何点的总散射曝光量就正比于射束的面积。当然射束的面积应足够大，以包含待成像区域中所有要被检测的物体。但是若太大了，则既增加散射部分，同时又增加辐射的累积剂量。

（2）在散射介质与检测器间增加一个空气隙。在被检测物体的每一体元都像一个散射辐射源，而检测到的散射按体元到检测器间的距离的平方倒数下降，增加这个距离可降低散射光子的影响。

（3）在散射介质与检测器间设置一个准直栅。在检测器前使用准直栅可以滤掉大部分散射光子。如果X射线源离检测器很远，则入射束基本上是平行准直的；如果X射线源离检测器不太远，则要使用聚焦准直栅。

（4）将入射X射线的频谱最优化。为了减小散射线干扰，提高系统灵敏度，应该采用辐射防护材料，制成散射线屏蔽防护罩及屏蔽门，即在系统中增加X射线屏蔽光阑，形成窄视野辐射场，尽量减少散射线影响。通过有散射线屏蔽与无散射线屏蔽系统灵敏度在不同电压下的对比实验，得到不同屏蔽条件下的灵敏度见表2-6。

表2-6　　不同屏蔽条件下的灵敏度

管电压（kV）	110	120	130	145
有屏蔽条件下灵敏度	3.1	2.5	1.8	2.0
无屏蔽条件下灵敏度	3.5	2.8	2.0	2.3

注　实验条件：焦距 f=480mm，L_1=420mm，L_2=60mm，$d_f \times d_f$=0.4mm×0.4mm，管电流 I=3mA。

在 I=3mA 时，不同管电压下散射线屏蔽对灵敏度的影响曲线如图2-18所示。

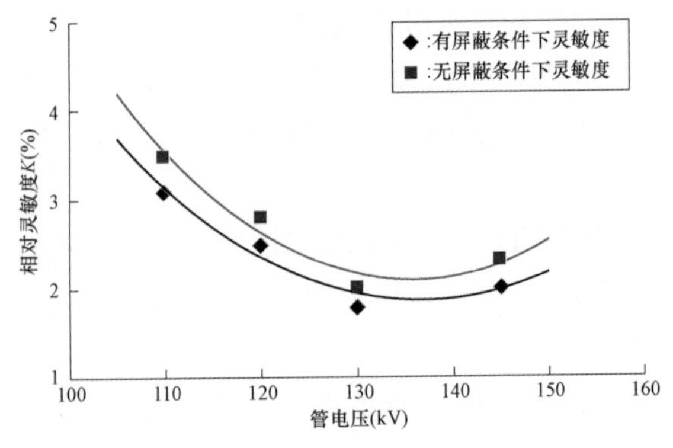

图2-18　不同管电压下散射线屏蔽对灵敏度的影响曲线

由以上结果可知，采用屏蔽光阑及窄视野透照等屏蔽措施可减小散射比及散射线的影响，从而提高系统检测的灵敏度，在开展 X 光设备研制时应充分考虑该因素。

9. 投影放大率

采取图像放大技术，可以弥补成像器件光电转换屏的荧光物颗粒度较大和显示器像素较大的先天不足，有利于提高 X 射线实时成像的图像质量。图像放大后，检测工件的影像得到放大，工件中微小细节的影像也随之放大，因而变得容易识别。放大的程度取决于 X 射线源（焦点）至检测工件表面的距离 L_1 和检测工件表面至成像平面的距离 L_2。检测图像放大原理如图 2-19 所示，最上端为 X 射线源（焦点），中间阴影区所表示的是待检测工件，下端平面为成像平面，距离 a 为待检测工件的长度，a' 为工件待检测区在成像平面上所成图像的长度。

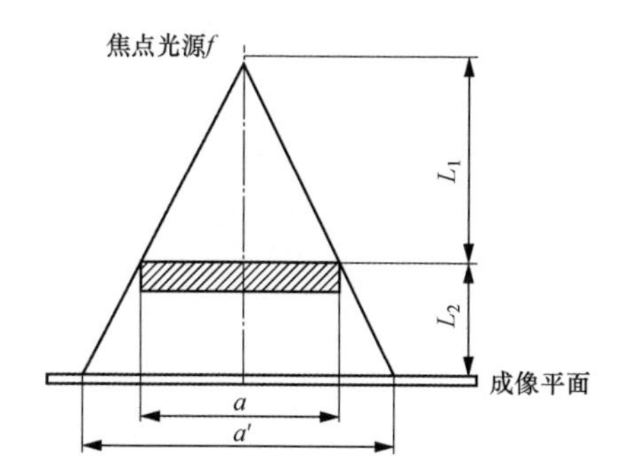

图 2-19　检测图像放大原理图

当 X 射线源焦点尺寸很小时，根据相似三角形定理，图像放大倍数 m 为：

$$m=\frac{a'}{a}=\frac{L_1+L_2}{L_1}=1+\frac{L_2}{L_1} \tag{2-17}$$

图像放大对图像质量的影响是有利有弊的。由式（2-17）可知，图像放大倍数增大，有利于图像质量的提高。图像放大倍数与图像质量的关系曲线如图 2-20 所示。

但是，根据总的不清晰度公式：

$$U^3=U_i^3+U_g^3 \tag{2-18}$$

随着图像放大倍数的增大，图像的几何不清晰度 U_g 也随之增大，总不清晰度 U 也增大，不利于图像质量的改善。图 2-20 中两条曲线的交汇点对应的 m_{opt}

表示成像工艺中所追求的最佳放大倍数。

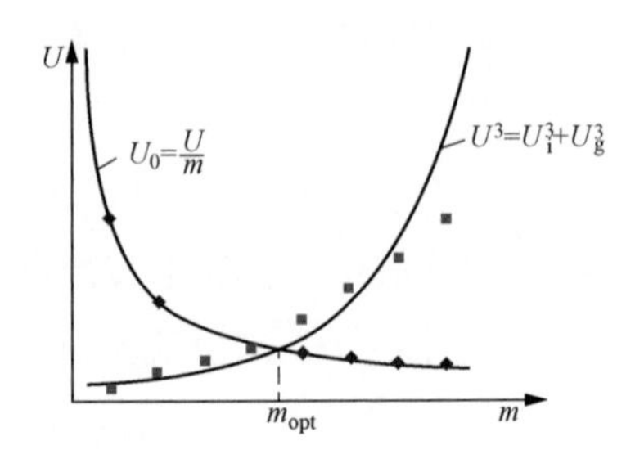

图2-20 图像放大倍数与图像质量的关系曲线

由前文的公式可得：

$$U_0=\frac{U}{m}=\frac{1}{m}\left[d^3(m-1)^3+U_i^3\right]^{1/3} \tag{2-19}$$

式（2-19）为复合函数，令 $\mu=d^3(m-1)^3+U_i^3$，d 为常数，对 m 求 U_0 的偏导数：

$$\frac{\partial U_0}{\partial m}=\frac{md^3(m-1)^2-d^3(m-1)^3-U_i^3}{m^2\left[d^3(m-1)^3+U_i^3\right]^{2/3}} \tag{2-20}$$

令 $\frac{\partial U_0}{\partial m}=0$，即：

$$md^3(m-1)^2-d^3(m-1)^3-U_i^3=0 \tag{2-21}$$

解方程，得到：

$$m=1+\left(\frac{U_i}{d}\right)^{3/2} \tag{2-22}$$

求 $f(m)$的二阶导数，得到 $f(m_0)$，根据极值判定准则，则函数 $f(m)$有最小值；从图2-20中也可以看出，$f(m)$函数有最小值，令 $m_{opt}=m$，则得到：

$$m_{opt}=1+\left(\frac{U_i}{d}\right)^{3/2} \tag{2-23}$$

在射线检测经典理论中，总的不清晰度公式也可以近似表示为：

$$U^2=U_i^2+U_g^2 \tag{2-24}$$

则式（2-23）可表述为：

$$m_{opt}=1+\left(\frac{U_i}{d}\right)^2 \tag{2-25}$$

在焦距不变的情况下，改变 L_1、L_2、放大倍数进行相对灵敏度变化实验，结果见表 2-7。

表 2-7　　不同放大倍数（L_1、L_2 变化）下的灵敏度

L_2（mm）	50	100	150	200	250
L_1（mm）	600	550	500	450	400
m_{opt}	1.08	1.18	1.30	1.44	1.63
d（min/mm）	0.144	0.160	0.184	0.200	0.224
K（%）	1.8	2.0	2.3	2.5	2.8

注　实验条件：U=120kV，I=4mA，f=650mm，$d_f \times d_f$=0.4mm×0.4mm。

由表 2-7 可以看出，随着 L_2 的增大，相对灵敏度提高，相对灵敏度随 L_2 的变化曲线如图 2-21 所示。

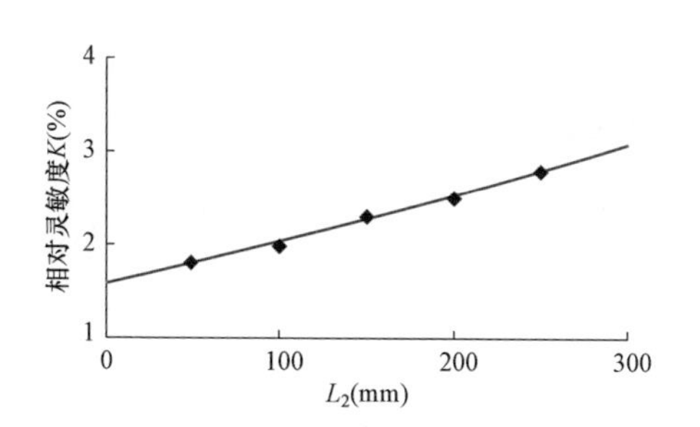

图 2-21　相对灵敏度随 L_2 变化曲线

通过以上实验可见，虽然适当地放大有利于识别微小细节；但随着放大倍数 m 的增加，图像变得模糊，所以为了保证系统灵敏度，m 不可选得过大。

综上所述，为了得到适当的灵敏度，实现对需要检测的电力电缆及附件典型缺陷的检验检测，可以根据上述规律，结合实验研究，有针对性地调节检验检测工艺。检测设备及工艺技术参数主要指标包括最大功率 W、管电压 U_0、管电流 I_0、数码成像像素、射线源焦点尺寸 d_f、射线源到缺陷的距离 L_1 以及缺陷到胶片的距离 L_2。

第三章　X 射线检测设备

第一节　X　射　线　机

X 射线机是高压精密仪器，目前工业常用的 X 射线源主要是工业 X 射线机。一般来说，选择射线机的首要因素就是射线机所发出的射线对被检的试件具有足够的穿透力，并在此基础上充分考虑检测灵敏度、检测方便性等各种因素。另外，为了正确使用和充分发挥仪器的功能，顺利完成射线成像工作，应了解和掌握它的原理、结构及使用性能。

一、X 射线机的类型

工业检测用的 X 射线机可按照其结构、使用功能、工作频率及绝缘介质划分为不同种类。

1. 按结构划分

（1）便携式 X 射线机。便携式 X 射线机体积小、质量轻、便于携带，适用于高空和野外作业。它采用组合式射线发生器，整机由控制器和射线发生器两个单元构成。射线发生器的 X 射线管、高压发生器、冷却系统共同安装在一个机壳中，其内充满绝缘介质，控制箱通过一根多芯的低压电缆将其连接在一起。为了减轻质量，所充的绝缘介质多数为六氟化硫（SF_6）。

（2）移动式 X 射线机。移动式 X 射线机体积和质量都比较大，安装在移动小车上，用于固定或半固定场合。它的高压部分和 X 射线管是分开的，其间用一根长 15m 左右的高压电缆连接，以便于现场的防护和操作。为了提高工作效率，一般采用强制油循环冷却。

（3）固定式 X 射线机。固定式 X 射线机是固定在确定的工作环境中，靠移动试件来完成探伤工作。它采用结构完善、功能强的分立射线发生器、高压发生器、冷却系统和控制系统。射线发生器与高压发生器之间采用两根高压电缆连接，所用高压电缆的长度一般为 2～10m。其体积大、较粗笨，但检测电压高，最大管电流可达 30mA 甚至更大的值，系统完善、检测精度高、工作效率高、成像清楚、操作便利，目前大多采取实时成像体系。

三种类型 X 射线机的结构特点见表 3-1。

表 3-1　　三种类型 X 射线机的结构特点

类型	结构特点	最高管电压（kV）	管电流（mA）
便携式	X 射线管与高压发生器组合，采用低压电缆与操作箱连接。质量轻、体积小	320	6
移动式	X 射线管与高压发生器分离，采用高压电缆相互连接	160	10
固定式	X 射线管与高压发生器分离，采用高压电缆相互连接，有良好的冷却系统。质量大、体积大	600	30

2. 按使用功能划分

（1）定向 X 射线机。定向 X 射线机是一种普及型、使用最多的 X 射线机，其机头产生的 X 射线辐射方向为 40°左右的圆锥角，一般用于定向单张照相。

（2）周向 X 射线机。周向 X 射线机产生的 X 射线束向 360°方向辐射，主要用于大口径管道和容器环焊缝照相。

（3）管道爬行器。管道爬行器是为了解决很长的管道环焊缝照相需求而设计生产的一种装在爬行装置上的 X 射线机。该射线机在管道内爬行时，用一根长电缆提供电力和传输控制信号，利用焊缝外放置的一个小同位素 γ 射线源确定位置，使 X 射线机在管道内爬行到预定位置进行照相。

3. 按工作频率划分

按供给 X 射线管高压部分交流电的频率不同，可分为工频（50～60Hz）X 射线机、变频（300～800Hz）X 射线机及恒频（约 200Hz）X 射线机。在同样电流、电压条件下，恒频 X 射线机穿透能力最强、功耗最小、效率最高，变频 X 射线机次之，工频 X 射线机较差。

4. 按绝缘介质划分

按绝缘介质种类不同，可分为绝缘介质为变压器油的油绝缘 X 射线机和绝缘介质为 SF_6 的气体绝缘 X 射线机。

二、X射线机的基本结构

工业射线照相探伤中使用的低能X射线机，简单地说是由射线发生器、高压发生器、冷却系统、控制系统四部分组成。当各部分独立时，高压发生器与射线发生器之间应采用高压电缆连接。

1. 射线发生器

单独的射线发生器主要由X射线管、外壳和充填的绝缘介质构成。X射线管是X射线机的核心部分。外壳由具有一定强度的金属制作，外壳上有一系列的插座，包括可能有的高压电缆插座和冷却循环用的接管插座等。在外壳内应有一定厚度的铅屏蔽层，使漏泄辐射量降低到规定的要求。图3-1为射线发生器的结构示意图。

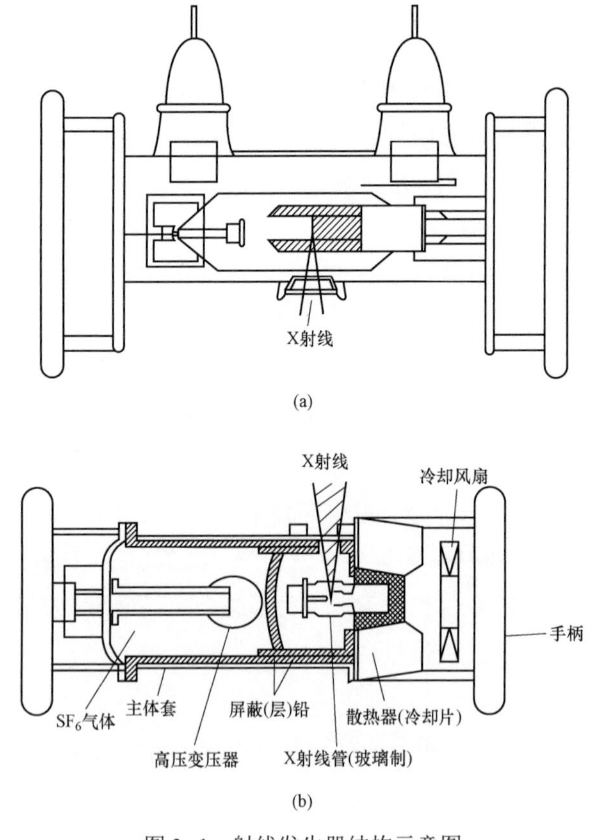

图3-1 射线发生器结构示意图

（a）油浸式200kV射线发生器；（b）气体绝缘便携式射线发生器

（1）X 射线管的结构。X 射线管是 X 射线机的核心部件，熟悉它的内部结构和技术性能，有助于检测人员正确使用和操作 X 射线监测设备，延长其使用寿命。图 3-2 为定向辐射的 X 射线管结构示意图，这种 X 射线管适用于绝缘大多数常规的射线检测。图 3-3 为周向辐射的 X 射线管结构示意图，这种 X 射线管可以通过一次曝光完成大直径筒体环焊缝整个圆周的曝光，从而大幅提高工作效率，其阳极靶有平面阳极和锥体阳极两种，如图 3-4 所示。

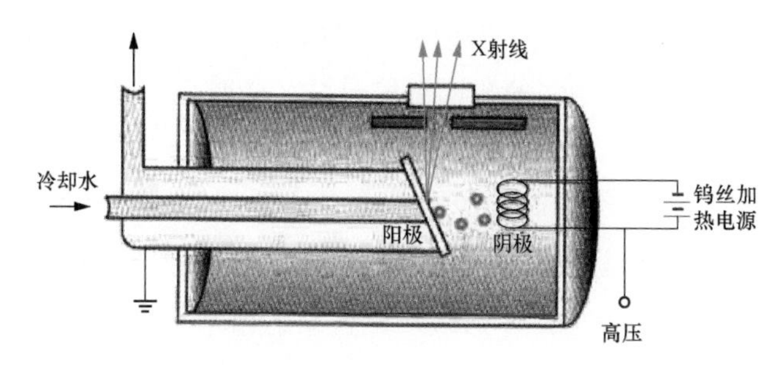

图 3-2　定向辐射的 X 射线管结构示意图

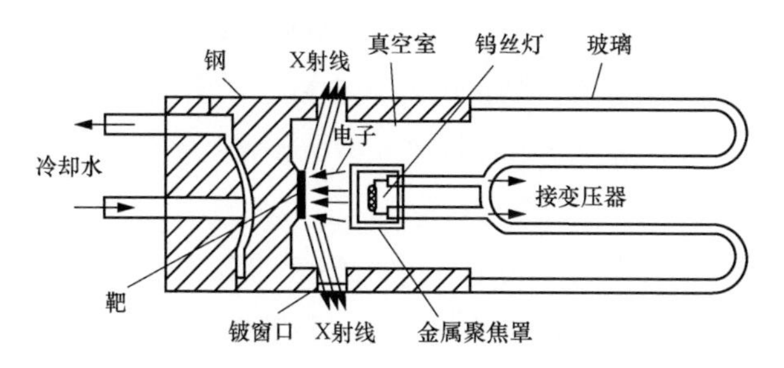

图 3-3　周向辐射的 X 射线管结构示意图

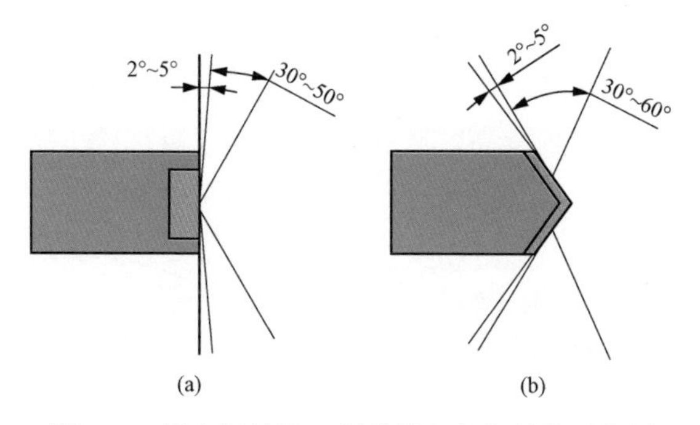

图 3-4　周向辐射的 X 射线管阳极靶结构示意图

（a）平面阳极；（b）锥体阳极

1）阴极。X 射线管的阴极是发射电子和聚集电子的部件，由发射电子的灯丝和聚集电子的凹面阴极头组成。阴极形状可分为圆焦点和线焦点两大类。阴极的工作过程是在阴极通电后，灯丝被加热、发射电子，阴极头上的电场将电子聚集成一束；在 X 射线管两端的高压所建立的强电场下，电子飞向阳极，轰击靶面，产生 X 射线。

2）阳极。X 射线管的阳极是产生 X 射线的部分，由阳极靶、阳极体和阳极罩三部分构成。由于高速运动的电子撞击阳极靶时只有约 1%的动能转换为 X 射线，其他部分均转化为热能，使靶面温度升高，同时 X 射线的强度与阳极靶材料的原子序数有关，因此 X 射线管的阳极靶常选用原子序数大、耐高温的钨来制造。阳极罩常用铜制作，在朝向阴极方向有一小孔，阴极发射的电子从这个小孔进入，撞击阳极靶；阳极罩的侧面也有个小孔，常用原子序数很低的薄铍板覆盖，成为窗口，阳极靶产生的 X 射线从此窗口射出来。

3）管壳。X 射线管的管壳封出一个高真空腔体，阳极和阴极封装在腔内。管内的真空度应达到 $1.33\times10^{-3}\sim1.33\times10^{-5}$Pa。管壳必须具有足够高的机械强度和电绝缘强度。工业射线检测常用的 X 射线管的管壳主要采用玻璃与金属或陶瓷与金属制作。金属陶瓷管抗振性强、不易破碎、真空度高、性能好，现在已成为 X 射线管的重要类型。

（2）X 射线管的散热冷却方式。X 射线管的散热冷却方式主要有辐射散热冷却、冲油冷却、旋转阳极自然冷却三种，分别如图 3-5～图 3-7 所示。管电压是 X 射线管的重要技术指标，管电压越高，发射的 X 射线波长越短，穿透能力就越强。在一定范围内，管电压与穿透能力有近似直线关系。X 射线管的焦点尺寸是重要的技术指标之一：焦点尺寸大，有利于散热，可承受较大的管电流；焦点尺寸小，底片清晰度高，照相灵敏度高。X 射线管的寿命与灯丝发射能力及累积工作时间有关，金属陶瓷管的寿命不小于 500h。

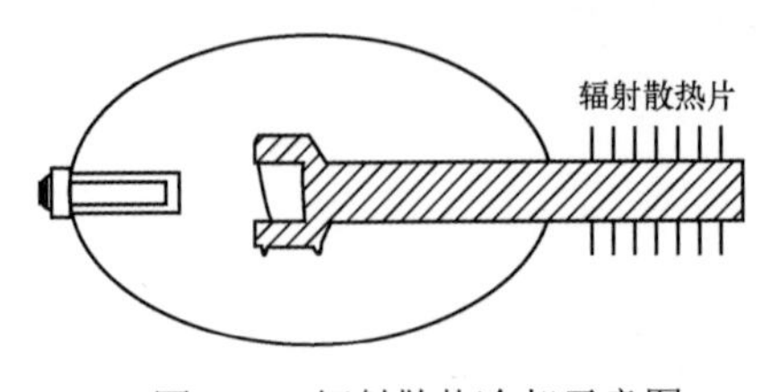

图 3-5　辐射散热冷却示意图

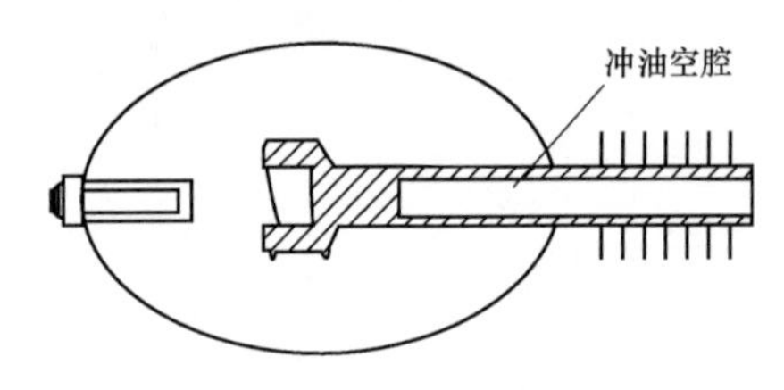

图 3-6　冲油冷却示意图

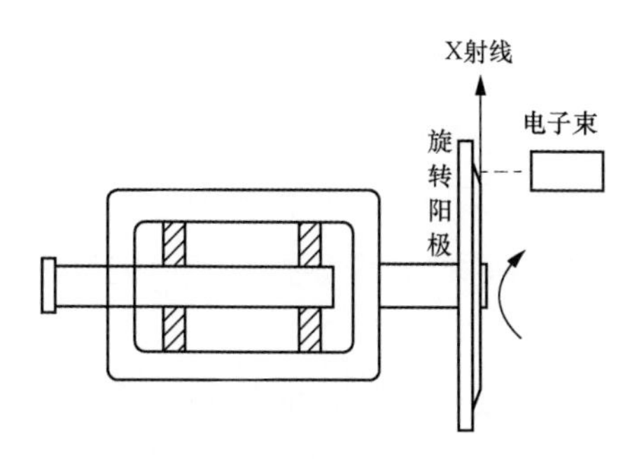

图 3-7　旋转阳极自然冷却示意图

2. 高压发生器

高压发生器提供 X 射线管的加速电压——阳极与阴极之间的电位差和 X 射线管的灯丝电压，其组成部分包括高压变压器、灯丝变压器、高压整流管及高压电容。

（1）高压变压器。其作用是将几十伏到几百伏的低电压通过变压器升到 X 射线管所需的高电压。其特点是功率不大（约几千伏安），但输出电压却很高（达到几百千伏），因此高压变压器二次匝数多、线径细，这就要求高压变压器的绝缘性能要好，即使温升较高也不会损坏。

（2）灯丝变压器。X 射线机的灯丝变压器是一个降压变压器，其作用是使工频 220V 电压降到 X 射线管灯丝所需要的十几伏电压，并提供较大的加热电流（约十几安）。

（3）高压整流管。常用的高压整流管有玻璃外壳二级整流管和高压硅堆两种；其中，使用高压硅堆可节省灯丝加热变压器，使高压发生器的质量和尺寸减小。

（4）高压电容。这是一种具有金属外壳、耐高压、容量较大的纸介电容。

便携式 X 射线机没有高压整流管和高压电容，所有高压部件均在射线机头内。移动式 X 射线机有单独的高压发生器，内有高压变压器、灯丝变压器、高压整流管和高压电容等。

3. 冷却系统

冷却是保证 X 射线机可以长期使用的关键，冷却效果的好坏直接影响 X 射线管的寿命和连续使用时间。若冷却效果较差，会导致高压变压器过热，绝缘性能变坏，耐压强度降低而被击穿。所以 X 射线机在设计制造时会采取各种措施保证冷却效率。

（1）油绝缘便携式X射线机常采用自冷方式。它的冷却是靠机头内部温差和搅拌油泵使油产生对流带走热量，再通过壳体把热量散发出去。

（2）气体冷却X射线机采用SF_6气体作为绝缘介质。由于采用了阳极接地电路，X射线管阳极尾部可伸到壳体外，其上装散热片，并用风扇进行强制风冷。

（3）移动式X射线机多采用循环油外冷方式。X射线管的冷却油单独用油箱，以冷却水冷却油箱内的变压器油，再用一油泵将油箱内的变压器油按照一定流量注入X射线管阳极空腔冷却阳极靶，将热量带走，冷却效率较高。

4. 控制系统

X射线机的控制系统主要包括基本电路、电压和电流调整部分、冷却和时间等的控制部分、保护装置等。X射线机的保护装置主要由短路过电流保护、冷却保护、过载保护、零位保护以及接地保护等部分组成。X射线机的控制部分包括电源开关、高压开关、电压调节旋钮、电流调节旋钮、电流指示器、电压指示器、计时器以及各种指示灯等。

5. 连接电缆

连接电缆是移动式X射线机用来连接高压发生器和X射线机头的高压电缆。高压电缆的结构包括保护层、金属网层、导体层、主绝缘层、线芯和薄绝缘层等部分。

三、便携式X射线机的类型和基本结构

便携式X射线机专指X射线管、高压发生器集成安装在气体绝缘衬铅管筒内，管筒两端装有端环，可手提，并可直立或横卧使用的XX系列探伤机，也是国内应用最为广泛的X射线探伤机。

1. 类型

（1）根据激发射线的电压等级不同分为100、160、200、250、300、350kV等机型。

（2）根据射线管材质不同分为玻璃管射线机和陶瓷管射线机。

（3）根据射线辐射角不同又分为定向机、周向平靶机和周向锥靶机。

2. 基本结构

便携式射线机由X射线发生器、控制电缆、控制器、警示灯、控制器电源

电缆等组成，如图 3-8 所示。

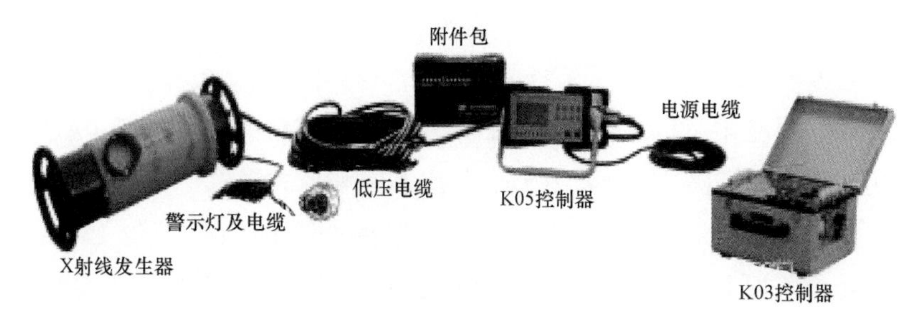

图 3-8　便携式 X 射线机的构成

从图 3-8 可以看出，X 射线发生器是发射 X 射线的核心装置，其两端配置圆形、方形或带凹槽的端环，便于人工搬运及放置，射线管、高压变压器被封闭在充满 SF_6 气体的密闭铝制筒体内。一般便携式 X 射线机的 X 射线发生器采用阳极接地的工作原理，因此阳极透出管筒直接与散热片相连，采用风机冷却散热片方式进行制冷。X 射线发生器的结构如图 3-9 所示。

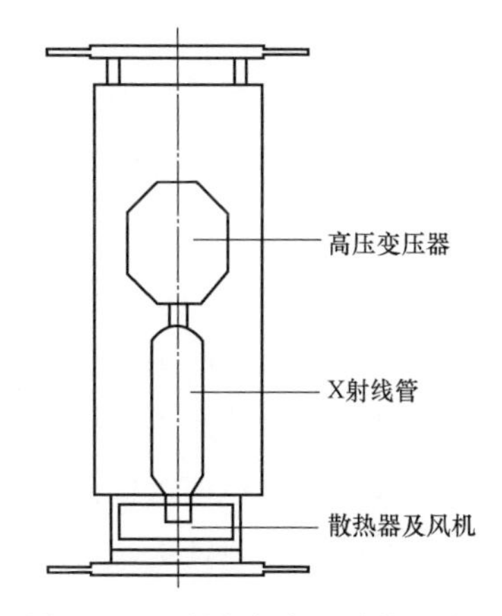

图 3-9　X 射线发生器结构示意图

第二节　成像装置

一、胶片

胶片用于胶片照相的成影过程，胶片照相效应的过程为：感光乳剂中的溴化银晶体受到射线照射后，溴化银晶体点阵中将释放电子，这些电子可以在乳剂中移动，在感光中心处被俘获与银离子中和形成银原子。上述过程可以写成：

$$Br^- + h\gamma \rightarrow Br + e^-$$

$$Ag^+ + e^- \rightarrow Ag$$

感光中心是感光乳剂制作过程中，在卤化银晶体的角、棱边等处形成的中性银原子或硫化银等聚集处。按照能带理论，当溴化银点阵中嵌入了银、硫化银等杂质质点时，由于它们的导带位置比溴化银的导带稍低，并可能在溴化银的禁带中产生新的能级，因此在射线照射激发下，进入溴化银导带的电子可以自发地转移至银或硫化银的导带，即被感光中心俘获。这就是潜影形成的第一阶段——电子传导阶段。

感光中心俘获电子以后带负电荷，对溴化银点阵格间的银离子（Ag^+）具有吸引作用，使银离子向感光中心移动，与电子中和形成银原子（Ag），扩大了感光中心的尺寸。这是潜影形成的第二阶段——离子调节阶段。

电子传导阶段和离子调节阶段都是可逆的，在感光过程中上述过程不断重复，直至曝光结束。这样产生的银原子团称为显影中心（潜影中心），显影中心的总和就是潜影。

早先的胶片以感光特性，即胶片粒度和感光速度为依据划分胶片类别。分类方法也是粗略的，大致按粒度将胶片分为微粒、细粒、中粒、粗粒，按感光速度将胶片分为很低、低、中、高速四类。

20世纪90年代提出了新的胶片分类方法，其特点是：

（1）以胶片系统而不是以胶片作为分类主体。

（2）以成像特性而不是以感光特性作为分类依据。

（3）以明确的数据指标而不是含混的术语来划分类别。

胶片系统是指包括射线胶片、增感屏和冲洗条件的组合。新的分类方法考虑到了评价胶片的特性指标不仅与胶片有关，还与增感屏和冲洗条件有关，因此以三者作为一个系统进行评价。

二、计算机X射线系统

1. 系统简介

计算机X射线技术（computed radiography，CR）是X射线平片数字化的比较成熟的技术，目前已在国内外广泛应用。CR系统是使用可记录并由激光读出X射线成像信息的成像板作为载体，以X射线曝光及信息读出处理，形成数字或平片影像。CR系统由X射线机、激光扫描仪、成像板、便携式工作站（含数字图像处理软件和计算机）构成，如图3-10所示。

目前的CR系统可提供与屏-片摄影同样的分辨率。CR系统实现常规X射线摄影信息数字化，使常规X射线摄影的模拟信息直接转换为数字信息；能提高图像的分辨、显示能力，突破常规X射线摄影技术的固有局限性；可采用计算机技术，实施各种图像后处理（post-processing）功能，增加显示信息的层次；可降低 X 射线摄影的辐射剂量，减少辐射损伤；CR 系统获得的数字化信息可传输给较低存档与传输系统（picture archiving and communicating system，PACS）。

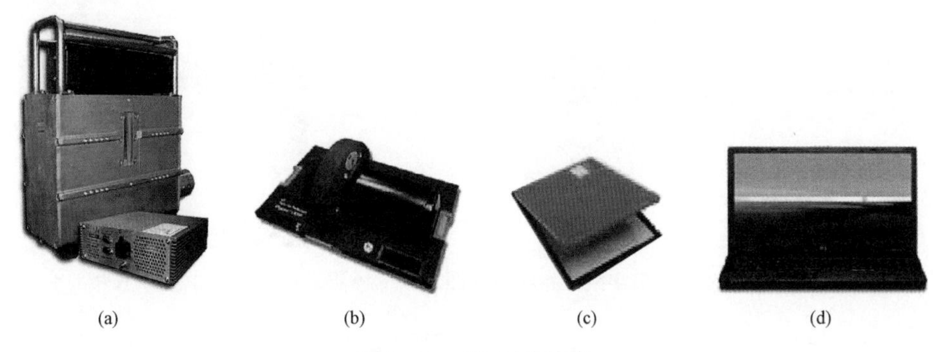

(a) (b) (c) (d)

图 3-10 CR 系统构成

（a）X 射线机；（b）激光扫描仪；（c）成像板；（d）便携式工作站

CR 系统的工作原理为：用 X 射线机对工件进行透照，并使暗盒内的成像板感光，射线穿过工件到达成像板，成像板上的荧光发射物质具有保留潜在图像信息的能力，即形成潜影。成像板上的潜影是由荧光物质在较高能带俘获的电子形成光激发射荧光中心结构，在激光照射下，光激发射荧光中心的电子将返回它们的初始能级，并以发射可见光的形式输出能量。所发射的可见光强度与原来接受的射线剂量成正比，因此可用激光扫描仪逐点逐行扫描，将存储在成像板上的射线影像转换为可见光信号，通过具有光电倍增和模拟转换功能的激光扫描仪将其转换为数字信号存入计算机中。激光扫描读出图像的速度：对于 100mm×420mm 的成像板，完成扫描读出过程不超过 1min。X 射线数字成像系统的原理如图 3-11 所示。

数字信号被计算机处理为可视影像在显示器上显示，并可根据需要对图像进行数字处理。在完成对影像的读取后，可对成像板上的残留信号进行消影处理，为下次检测做好准备。

2. 成像板的原理及组成

成像板又称为无胶片暗盒、拉德成像板（radview imaging plates）等，可以与普通胶片一样分成各种不同大小规格以满足实际应用的需求。成像板如图 3-12 所示。

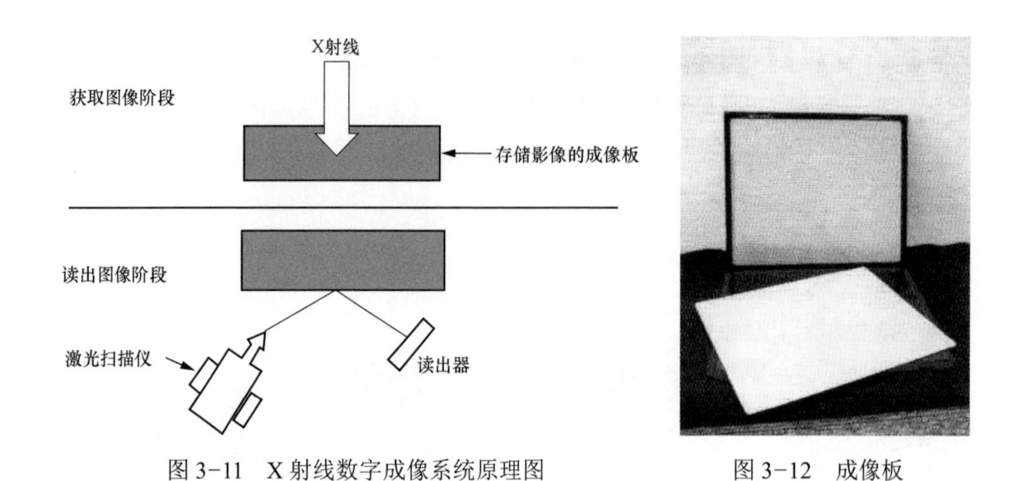

图 3-11　X 射线数字成像系统原理图　　图 3-12　成像板

（1）原理。成像板是基于某些荧光发射物质（可受光刺激的感光聚合物图层）而具有保留潜在图像信息的能力，当对它进行 X 射线曝光时，这些荧光物质内部晶体中的电子被投射到成像板上的射线所激励，并被俘获到一个较高能带（半稳定的高能状态），形成潜在影像（光激发射荧光中心）；再将该成像板置入激光扫描仪内进行扫描，在激光激发下（激光能量释放被俘获的电子），光激发射荧光中心的电子将返回它们的初始能级，并产生可见光发射，这种光发射的强度与原来接受的射线能量成正比关系（成像板发射荧光的量依赖于一次激发的 X 射线量，可在 1∶1000 的范围内具有良好的线性）；光电接收器接收可见光并转换为数字信号送入计算机进行处理，从而可以得到数字化的射线照射图像。X 射线数字成像系统利用的成像板可重复使用数千次（成像板经过强光照射即可抹消潜影，因此可以重复使用）。成像板的基本原理如图 3-13 所示。

成像板可在普通室内进行操作，不需要在暗室内操作或处理，且处理速度快。成像板可装入标准的 X 射线胶片盒中与铅或其他适当的增感屏一起使用。曝光后，可手工将其从胶片盒中取出，插入阅读器进行成像处理。在重新用于曝光之前，需要使用专门的擦除器进行处理。

（2）组成。成像板一般由四层组成，分别是表面保护层、辉尽性荧光物质层、基板和背面保护层。

1）表面保护层。表面保护层多采用聚酯树脂类纤维制成高密度聚合物硬涂层，可防止荧光物质层受损伤，保障成像板能够耐受机械磨损和免于多种化学清洗液的腐蚀，从而具有较高的耐用性和较长的使用寿命。

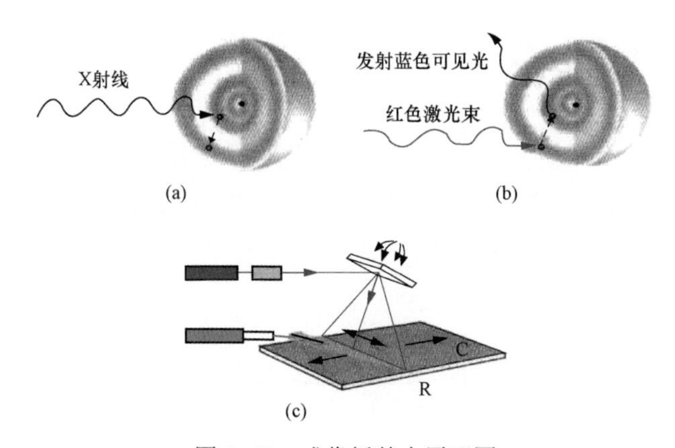

图 3-13　成像板基本原理图

（a）曝光过程；（b）CR 读出过程；（c）影像读取过程

2）辉尽性荧光物质层。辉尽性荧光物质层通常厚 300μm，它在受到 X 射线照射时会产生辉尽性荧光形成潜影。辉尽性荧光物质与多聚体溶液混匀，均匀涂布在基板上，表面覆以保护层。这种感光聚合物具有非常宽的动态范围，对于不同的曝光条件有很高的宽容度，在选择曝光量时将有更多的自由度，从而可以使一次拍照成功率大大提高，在一般情况下只需要一次曝光就可以得到全部可视判断信息；而且相对于传统的胶片法来说，其 X 射线转换率高，需要的曝光量负荷也大大减少，为传统胶片法的 1/20～1/5。成像板的制作材料要求具有较高的吸收效率、极好的均质性及较短的响应时间，从而保证高的锐度，采用先进的表面涂层技术提供平滑板面及减少粒度噪声，从而保证良好的成像质量。目前，成像板的空间分辨率已能达到 4.0～5.0LP/mm，扫描像素为 10Pixel/mm，已接近 X 射线胶片的清晰度。成像板的类型也由初始的刚性板发展到柔性板。成像板的 X 射线转换率也在不断提高，以进一步降低获取图像所需的 X 射线辐射剂量。

3）基板。基板（支持体）相当于 X 射线的片基，它既是辉尽性荧光物质的载体，又是保护层。多采用聚酯树脂做成的纤维板，厚度为 200～300μm。基板通常为黑色，背面常加一层吸光层。

4）背面保护层。背面保护层的材料和作用与表面保护层相同。

3. 激光扫描仪原理

经 X 射线曝光后保留有潜在图像信息的成像板置入 CR 激光扫描仪内，用激光束以2510×2510的像素矩阵（像素约0.1mm大小）对匀速运动的成像板整体进行精确和均匀的扫描，激发出的蓝色可见光被自然跟踪的集光器（光电接收器）收集，再经过光电转换器转换成电信号，放大后经模拟/数字（A/D）转换器转换成数字化影像信息送入计算机进行处理，最终形成射线照相的数字图像，并通过监视器荧光屏显示出人眼可见的灰阶图像供观察分析。激光扫描仪的原理如图3-14所示。

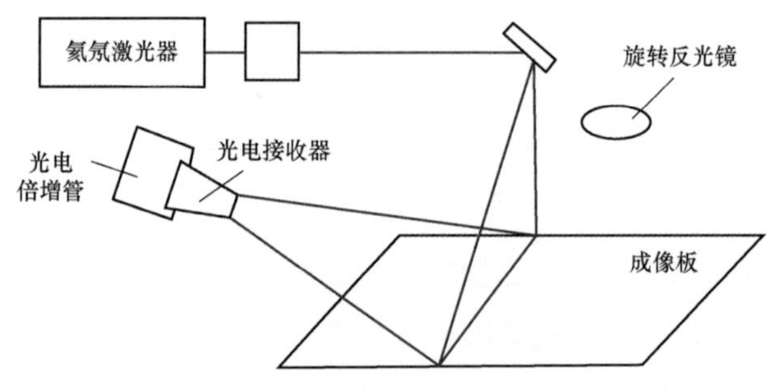

图3-14 激光扫描仪原理图

激光扫描仪分为多槽自动排列读出处理式和单槽读出处理式，前者可在相同时间内处理更多的成像板。激光扫描仪输出的图像格式符合国际通用影像传输标准DICOM3.0，因此可以经过网络传输、归档及打印。CR扫描仪的分辨率可达50、100、150、200、250μm，扫描速度可达每秒50行，能提供快速的线性输出；成像板的读出通量（throughout）随不同的CR设备有所不同，一般为100～150幅/h。

为了能扫描高分辨率的成像板，必须采用相应的高分辨率扫描仪，为了提高效率，还要提高扫描成像板的速度；因此，必须采用高速、高分辨率的激光扫描和放大系统，以及高速且性能良好的机械传送系统，从而得到高质量的影像图片。

三、数字化成像系统

1. 系统简介

数字化成像技术（digital radiography，DR）是近几年发展起来的全新成像技术，在两次照相之间不需要更换成像板，数据的采集仅仅需要几秒就可以观察到图像，但数字平板（DR板）不能进行分割和弯曲。DR系统由X射线机、数字平板、数字图像处理软件和计算机构成，如图3-15所示。DR技术一般包括非晶硅（a-Si）、非晶硒（a-Se）和 CMOS 三种，目前最常用的是非晶硅数字平板技术。

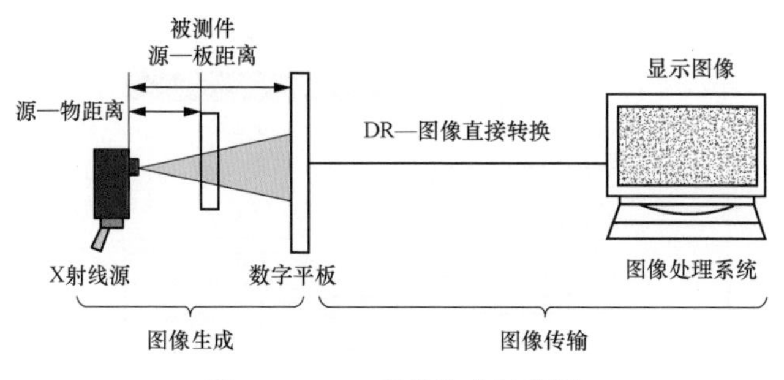

图 3-15　DR 系统构成示意图

2. 非晶硅数字平板技术原理

非晶硅数字平板结构是由玻璃衬底的非晶硅阵列板、表面涂油闪烁体——碘化铯（CsI）或硫氧化钆（GOS）及其下方按阵列方式排列的薄膜晶体管电路（TFT）所组成。TFT 像素单元的大小直接影响图像的空间分辨率，每一个单元具有电荷接收电极信号存储电容器与信号传输器，通过数据网线与扫描电路连接。非晶硅数字平板的内部结构如图 3-16 所示。封装好的平板与平板连接在一起，装上外壳就可以使用。

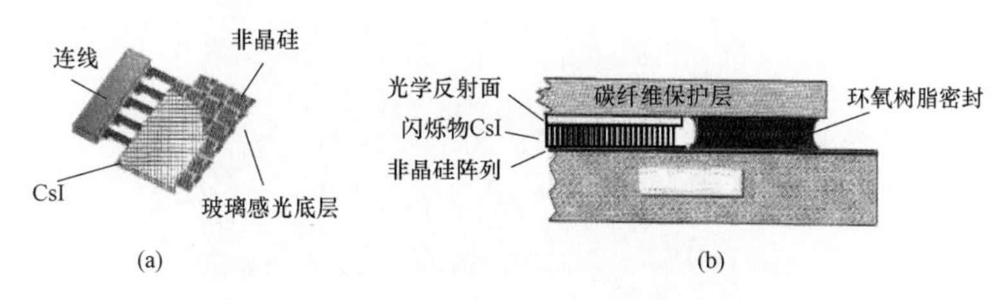

图 3-16　非晶硅数字平板内部结构示意图

（a）内部结构；（b）剖面图

非晶硅数字平板成像原理为间接成像，X 射线首先撞击其板上的闪烁层，该闪烁层以与所撞击的射线能量成正比的关系发出光电子，这些光电子被下层的硅光电二极管采集到，并且将他们转化成电荷，存储于 TFT 内的电容器中，所存的电容与其后产生的影像黑度成正比。扫描控制器读取电路将光电信号转换为数字信号，数据经处理后获得的数字化图像在计算机上显示。在上述过程完成后，扫描控制器自动对平板内的感应介质进行恢复，曝光和获取图像整个过程需要几秒至几十秒。非晶硅数字平板成像原理如图3-17所示。

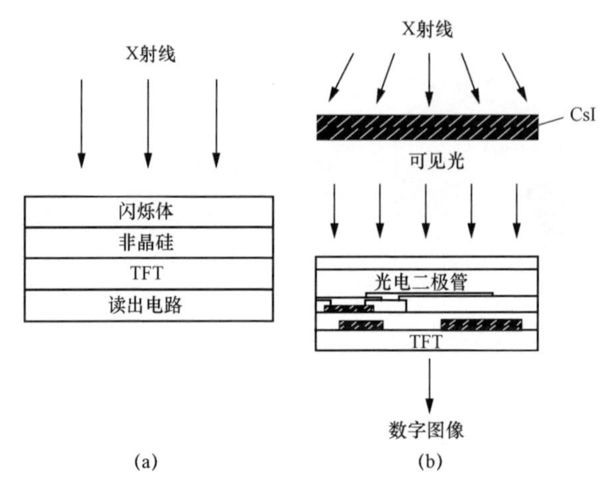

图3-17 非晶硅数字平板成像原理图
（a）结构原理；（b）成像原理

目前，非晶硅的转换屏主要有两种，即碘化铯或硫氧化钆。硫氧化钆是“粉”状物，覆盖在非晶硅表面。碘化铯的结构图如图3-18所示。

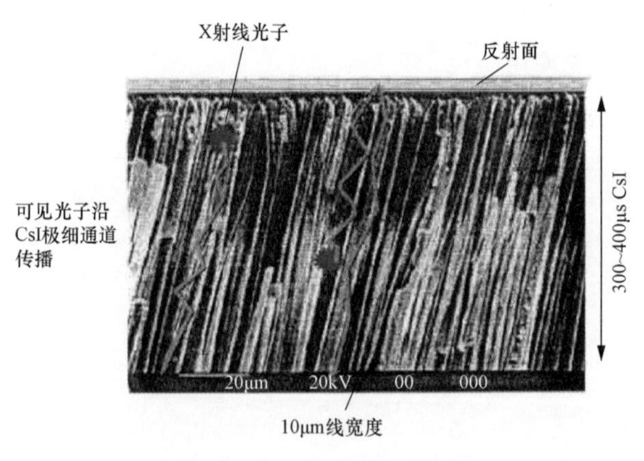

图3-18 碘化铯的结构

碘化铯转换屏的分辨率较好些，但不能承受高电压。硫氧化钆转换屏的分辨率稍差，但可以用放射源和加速器。

3. 非晶硒数字平板技术原理

非晶硒数字平板成像原理可直接成像。非晶硒数字平板的结构与非晶硅数字平板不同，其表面直接用硒涂层。当 X 射线撞击硒层时，硒层直接将 X 射线转化为电荷，存储于 TFT 内的电容器中，所存的电容与其后产生的影像黑度成正比。扫描控制器读取电路将光电信号转换为数字信号，数据经处理后获得数字化图像在计算机上显示。非晶硒数字平板成像原理如图 3-19 所示。

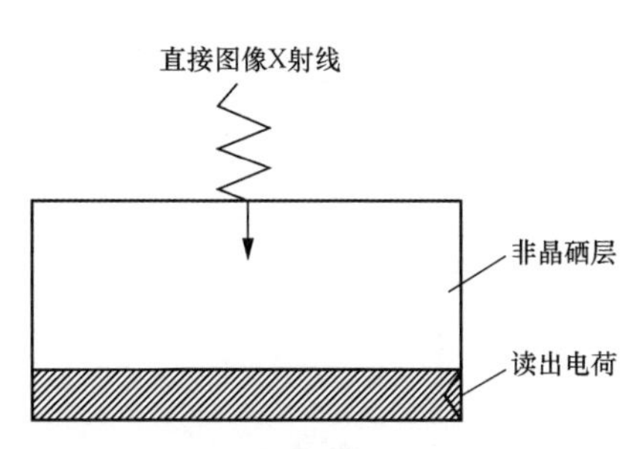

图 3-19　非晶硒数字平板成像原理图

4. CMOS 数字平板技术原理

CMOS 数字平板是扫描式图像接收板，也是直接成像技术的一种，由集成的 CMOS 记忆芯片构成，是互补金属氧化物硅半导体。CMOS 数字平板技术是把所有的电子控制和放大电路放置在每一个图像探头上，其内部有一个类似于扫描仪的移动系统，采用精确的螺纹螺杆转动。虽然 CMOS 技术取得了很大进步，其像素最小可以做到 70μm 左右，但是其图像质量并没有非晶硅的好。

目前，国内外常用工业用 DR 成像板的主要参数分别见表 3-2～表 3-6。

表 3-2　　GE 公司 DXR250V 面板探测器主要参数

外观	指标	性能参数
	接收器类型	非晶硅
	转换屏	碘化铯
	像素尺寸	200μm
	位深	14 位（16384 亮度）
	空间分辨率	25LP/cm
	成像面积	410mm×410mm
	可接受能量范围	40～250keV
	成像时间	130ms
	图像格式	2048×2048
	质量	6kg（含工装）
	电源	100～240V，50～60Hz

表 3-3　PerkinElmer 公司 XRD 1621 AN/CN ES 系列平板探测器主要参数

外观	指标	性能参数
	接收器类型	非晶硅
	转换屏	碘化铯
	像素尺寸	200μm
	位深	16 位（65536 亮度）
	空间分辨率	25LP/cm
	成像面积	409.6mm×409.6mm
	可接受能量范围	40keV～15MeV
	成像时间	66.7ms
	图像格式	2048×2048
	质量	3.5kg
	电源	100～240V，50～60Hz

表 3-4　PerkinElmer 公司 XRD 0820 N ES 系列平板探测器主要参数

外观	指标	性能参数
	接收器类型	非晶硅
	转换屏	碘化铯
	像素尺寸	200μm
	位深	16 位（65536 亮度）
	空间分辨率	25LP/cm
	成像面积	204.8mm×204.8mm
	可接受能量范围	20～450keV
	成像时间	66.7ms
	图像格式	1024×1024
	质量	—
	电源	100～240V，50～60Hz

表 3-5　以色列维迪思科公司 **Rayzor X Pro/Blaze X Pro** 系列平探测器主要参数

外观	指标	性能参数
	接收器类型	非晶硅
	转换屏	碘化铯
	像素尺寸	143/127μm
	位深	14 位（16384 亮度）
	空间分辨率	35/40LP/cm
	成像面积	223mm×216mm
	可接受能量范围	普通射线机及常用 γ 源
	成像时间	2s
	图像格式	1024×1024
	质量	3.5kg
	电源	110/220V 交流电或电池供电

表 3-6　瓦里安（**VARIAN**）公司面板探测器主要参数

PaxScan1313 面板探测器		
外观	指标	性能参数
	接收器类型	非晶硅
	转换屏	碘化铯或硫氧化钆
	像素尺寸	127μm
	位深	14 位（16384 亮度）
	空间分辨率	39.4LP/cm
	成像面积	130mm×130mm
	可接受能量范围	40～160keV
	成像时间	10 帧/s
	图像格式	1024×1024
	质量	1.68kg
	电源	100～240V AC，47～63Hz

续表

PaxScan2520E+面板探测器		
外观	指标	性能参数
	接收器类型	非晶硅
	转换屏	碘化铯或硫氧化钆
	像素尺寸	127μm
	位深	14位（16384亮度）
	空间分辨率	39.4LP/cm
	成像面积	179mm×238mm
	可接受能量范围	40～150keV
	成像时间	1～10帧/s
	图像格式	1516×1900
	质量	3.3kg
	电源	+12V DC
PaxScan4030E面板探测器		
外观	指标	性能参数
	接收器类型	非晶硅
	转换屏	DRZ Plus
	像素尺寸	127μm
	位深	14位（16384亮度）
	空间分辨率	39.4LP/cm
	成像面积	291mm×405mm
	可接受能量范围	40～150keV
	成像时间	3帧/s
	图像格式	2304×3200
	质量	12.3kg
	电源	100～240V AC，47～63Hz

第三节 图像处理系统

X 射线数字成像技术的图像处理系统功能强大。目前，数字化图像的灰阶已能由胶片的 256 级提升至显示屏的 4096 级。灰阶代表了由最暗到最亮之间不同亮度的层次级别，这中间层级越多，图像的层次就会越丰富，图像的细节表现力会更加细腻，图像变得更加清晰。此外，通过专用软件实现图像滤波降噪、边缘增强锐化、窗宽窗位调节、灰阶对比度调整、影像放大漫游、黑白翻转、图像平滑、图像拼接，以及距离、面积、密度测量、数字减影、伪彩色处理等各种功能，改善影像的细节，将未经处理的影像中所看不到的特征信息在荧屏上显示，从而使图像更为清晰，获得分辨率、清晰、细腻的图像；可从中提取出丰富可靠的判断信息，为影像判断中的细节观察、前后对比和定量分析提供支持。下面以 DR 技术的图像处理软件为例介绍图像处理系统的各项功能。

一、图像处理软件简介

X 射线图像的影像质量直接影响现场对电缆内部结构与缺陷的检测与诊断结果，涉及放射影像的失真度、信噪比、分辨率、清晰度、细节显示等方面。影像质量主要由平板技术、球管射线质量、计算机及图像软件处理能力决定。其中，平板技术是核心因素，包括材料类型、有效尺寸、像素矩阵、像素大小、灰阶、量子检测效率、空间分辨率、稳定性等。

便携式数字超薄 X 射线探测系统的配套软件能实时获取被测设备的 X 射线图像，提供强大的专业数字图像处理功能，使得被检物图像中的细节表现更准确、更清晰，并对功能操作进行了优化、简化、强化。软件主要具备以下功能：

（1）16 位数字 X 射线透视图像实时采集、实时显示。

（2）数字降噪、本底减影、均光校正。

（3）多图像管理界面，多比例缩小、放大，支持插值精显，自适应显示。

（4）微缩图快速浏览。

（5）存储/读取 gif、jpeg、bmp、tiff 等常见图像格式文件，便于执行任务的取证和报告。

（6）感兴趣区域内局部图像处理。

（7）调整图像大小、旋转、镜像、对比度、亮度、Gamma 修正、窗宽窗位调整。

（8）恢复/取消、增强、平滑（低通、中值、高斯）、反片、伪彩色。

二、影像质量评价指标

（1）平板技术：对入射X射线的吸收率、平板的有效尺寸、动态响应速度（对X射线的敏感度、转换为电信号的速度、成像速度等）、灰阶、像素矩阵、像素尺寸、量子检测效率。

（2）球管射线质量：球管的质量水平尤其是射线质量水平。

（3）计算机处理能力：计算机系统水平（是否是专业级工作站）、图像软件处理能力（是否专业级无损检测图像处理软件）。

三、图像处理系统

图像处理系统主要完成图像采集、图像存储、图像处理、图像评定和打印图像等功能。图像主要采用动态监测功能用于平板的实时图像采集，并且可进行相关的图像处理。其中，图像的动态处理包括以下功能。

（1）自动窗值：可对当前显示图像进行自动的窗值调整，系统会根据图像亮度值来计算出一个最佳的显示条件进行显示。

（2）负相：可对当前显示图像进行负相操作。

（3）重置：可将对图像所做的操作恢复到最初状态。

（4）平移：可将当前显示图像进行平移。

（5）静态拍片：可将当前显示屏幕图像保存在硬盘上面。

（6）静态积分：可将图像进行多帧平均处理，通过静态积分处理可以有效并且显著地提升图像的质量。

四、图像实时处理功能

（1）亮度范围：即窗宽，通过调节窗宽值，可对当前窗口图像进行线性变换。通过线性亮度变换能够显著地提高图像的质量，可提高结构细节的显示。操作人员可以根据要求调节图像的对比度和亮度，这种调节技术称为窗宽、窗位的选择。

（2）亮度中心：即窗位，通过调节窗位值，可对当前窗口图像进行线性变换，通过线性亮度变换能够显著地提高图像的质量。

（3）亮度：通过调节亮度值，可以提升图像的亮度。

（4）对比度：通过调节对比度值，可以提升图像的对比度。

（5）递归降噪：在起用递归降噪的情况下，可以显著降低噪声对图像质量的影响，并且通过滑动拖动条可以控制降噪的等级，值越小降噪效果越差，反之则越好。

五、离线图像处理功能

离线图像处理功能如图 3-20 所示。

（1）直方图：在直方图上可进行窗宽以及窗位的调节，并且在图上可进行直观的分析。

（2）区域处理：点击“区域处理”按钮，在被测物上拉一根线即可在右侧显示线性图标，可具体分析材料结构厚度在线性图上的显示值。

（3）增强：点击“增强”按钮，可以对当前图像细节做增强处理，对分析图像有一定的提升作用。

（4）降噪：点击“降噪”按钮，可以有效消除背景噪声对图像的影响。

图 3-20　离线图像处理功能示意图

六、尺寸测量功能

（1）画线：点击该工具条后，点击鼠标左键在图像上选择画线的起点，按住左键拖动鼠标至终点，然后放开左键即可，测量值实时显示。

（2）角度：点击该工具条后，点击鼠标左键在图像上选择画角度的起点，然后松开鼠标左键，选择折中点后再次点击鼠标左键，然后再次松开鼠标左键，选择三角形的最后一个点后再次按下鼠标左键即可，测量值实时显示。

（3）画圆：点击该工具条后，点击鼠标左键在图像上选择画圆的起点，按住左键拖动鼠标至终点，然后放开左键即可，测量值实时显示。

（4）矩形：点击该工具条后，点击鼠标左键在图像上选择画矩形的起点，按住左键拖动鼠标至终点，然后放开左键即可，测量值实时显示。

（5）缺陷面积：点击该工具条后，在需要测量的不规则缺陷处徒手绘出一个首尾相连的图形，系统即可自动计算出该区域的面积，测量值实时显示。

（6）尺寸标定：当选择尺寸标定时，鼠标变成十字形，按下鼠标左键，从参照物左边界拉直线到由边界，放开左键（此时程序自动算出左边界到右边界的像素数）将弹出对话框，输入参照物的实际尺寸后按“确定”键，则标定完成。标定值将自动保存至配置文件，相同参照物在软件重启后无须再次标定。

七、降噪功能

X射线成像检测过程中，由于受X射线散射、电器噪声、量化噪声等影响，图像的获取、转换、传输等过程都会不同程度地引入噪声，使采集的图像噪声点多、图像信噪比降低，从而影响系统对待测工件中的缺陷的检测与判定。为了能更加准确地提取电缆及附件射线图像中的相关缺陷特征，图像降噪是非常必要的，这也是图像处理系统最重要的功能。

噪声根据其产生的来源，分为外部噪声与内部噪声：外部噪声是指由检测系统外部环境引入系统的噪声，例如无线电干扰等；内部噪声是指在图像采集、传输过程中产生的噪声。

内部噪声一般常见的有三种形式：

（1）光电噪声。例如电流在微观下是电子或空穴的运动，这些粒子在运动中会产生随机散粒噪声，射线照射到光电阴极激发的光电子引起的噪声。

（2）电子元器件本身引起的噪声。如相机在采集图像过程中传感器对光电响应的不均匀产生的噪声。

（3）其他噪声。如射线对电路系统的电磁干扰噪声。

图像降噪的主要目的在于滤除干扰、突出特征，在提高图像信噪比的同时不能破坏图像轮廓和边缘等有用信息。常用的降噪方法主要分为空域法和频域法。

（1）空域法是在图像空间以模板处理及点处理（变换）在邻域操作完成的，根据使用的滤波器类型分为非线性滤波及线性滤波。非线性滤波在滤除噪声的同时能较好地保持图像的边缘等细节，如中值滤波法；线性滤波在滤除噪声的同时也模糊了图像边缘，而且容易丢失图像的细节，如邻域平均法等。

（2）频域法以卷积理论为基础，将图像变换到频域与$H(\mu, v)$滤波（传递）函数相乘进行图像降噪，如低通滤波等。频域滤波器虽然能够获得较为理想的频率特性，但是由于频域处理运算量较大，所以通常用空间域平滑处理代替频域滤波。

由于传统的图像降噪技术在不同区域使用相同的降噪强度，从而造成图像过平滑，导致边缘细节（图像的主要特征）丢失。近年来，基于偏微分方程（partial differential equation，PDE）的图像处理方法已成为图像领域中的一个研究热点，在图像降噪、分割、边缘检测、医学图像处理等方面有着广泛的应用。基于 PDE 的各向异性扩散的降噪技术是一种自适应的降噪方法，能根据图像内容的不同而采取不同的降噪强度，在一定程度上弥补了传统算法的不足。该方法在平滑区域将增加平滑的强度，更好地滤除噪声，而在边缘位置适当地减弱平滑强度；同时，平滑过程只出现在边缘平行方向，垂直于边缘方向不进行平滑，因此在去除噪声平滑图像的同时能较好地保护图像的细节信息，如图像的结构、边缘和纹理。

经常采用的数字图像处理方法有对比度增强、图像平滑和图像锐化等。常用图像处理方法的简要说明见表 3-7。

表 3-7 常用图像处理方法的简要说明

类型	方法	方法简介
对比度增强	亮度变换法	采用变换函数，把输入亮度范围变换为输出亮度范围，增加这个范围的对比度
	直方图调整	采用变换函数，调整亮度级分布，或减少亮度级，或突出所关心的亮度级范围，相当于提高了对比度
	规格化方法	依据图像亮度级局部的均值和方差，对每个像素的亮度级分配一新的局部的均值和方差
图像平滑	低通滤波法	采用低通滤波，去除含在空间高频分量中的图像噪声
	局部平均法	采用一个像素邻域内各点的亮度级的平均值代替该像素的亮度级，降低噪声
	多帧平均法	常称为积分处理，其假定噪声的均值为 0，采用多幅图像叠加消除噪声，目前多用 256 幅图像叠加，完成处理时间约为 10s
图像锐化	高频滤波法	图像轮廓为亮度突然变化部分，包含大量空间高频分量，采用高频加强滤波的方法突出高频分量，使图像轮廓清晰
	微分法	微分运算不改变频率，但增大幅度，从而使图像轮廓增强

X 射线图像处理软件界面和图像处理效果如图 3-21 所示。

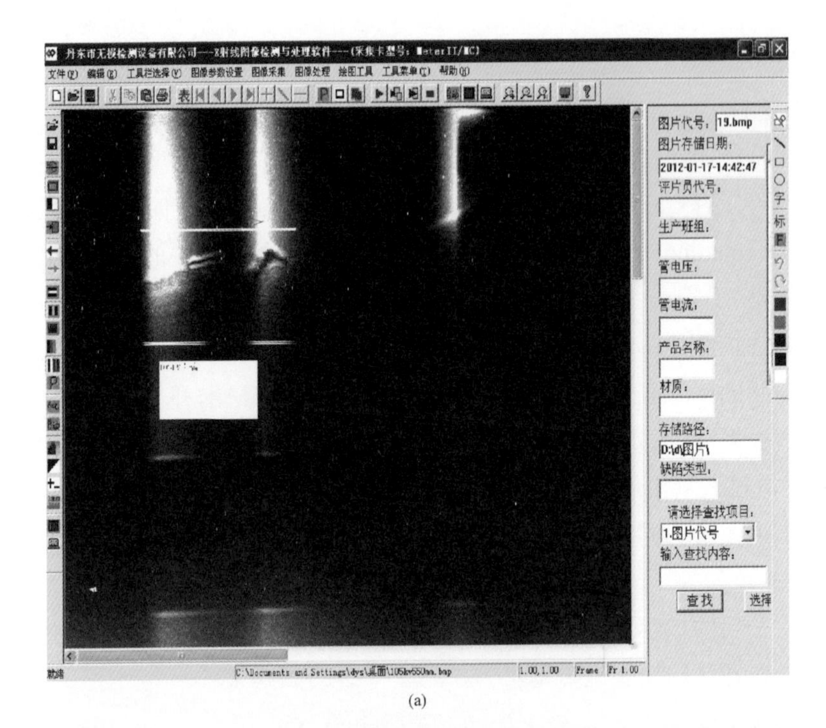

(a)

(b)

图 3-21　X 射线图像处理软件界面和图像处理效果

（a）软件界面；（b）图像处理效果

第四节　现场检测辅助设备

一、像质计

像质计（像质指示器和透度计）是测定射线检测图像质量的器件。像质计与工件同时透照，依据在检测图像上显示的像质计的细节影像，判定检测图像的质量，从而进一步评定射线检测技术及其缺陷检验能力等。

在工业射线检测技术中，目前使用最广泛的像质计主要为线型像质计、阶梯孔型像质计、平板孔型像质计和双丝型像质计。前面三种用于测定图像的射线检测灵敏度，主要是测定检测图像的厚度（或密度）对比度，一般称为常规像质计；双丝型像质计用于测定检测图像的不清晰度（空间分辨率），是一种特殊类型的像质计。

像质计的核心结构是设计的特定细节形式，如丝、孔、槽等。制作常规像质计的材料应与被检验工件相同或相近，即对射线吸收具有相同或相似的性能。制作双丝型像质计应采用规定的、具有高吸收性能的材料。以下简要介绍线型像质计和阶梯孔型像质计。

1. 线型像质计

线型像质计是国内外使用最多的像质计，其结构简单、易于制作。国际标准化组织已将线型像质计纳入其制定的标准中。线型像质计的形式、规格已基本统一。线型像质计主要应用在金属材料。它的细节形式是丝，基本结构是平行排列的金属丝封装在对射线吸收系数很低的透明材料中。每个像质计中封装 7 根金属丝，金属丝的材料应与被透照工件材料相同或相近，金属丝的直径和长度应符合相关规定要求。

2. 阶梯孔型像质计

阶梯孔型像质计的基本结构是在阶梯块上钻上直径等于阶梯厚度的通孔，孔应垂直于阶梯表面、不做倒角。为了克服小孔识别的不确定性，常在薄的阶梯上钻个两个孔。与线型像质计一样，阶梯孔型像质计的材料应与被透照工件材料相同或相近。

二、辐射强度测量仪

辐射强度测量仪为半导体探测装置，可实时测量环境辐射强度（单位为

μGy/h 或 μSv/h），同时可以给出测试人员所受的累积剂量（单位为 μSv），广泛应用于地质调查与勘测、放射性废物库、工业无损探伤、医院 γ 刀治疗、同位素应用、γ 辐照、医院 X 射线诊断、钴治疗、核电站等放射性场所等领域。辐射强度测量仪包括个人剂量计和辐射测量仪等，分别如图 3-22 和图 3-23 所示。

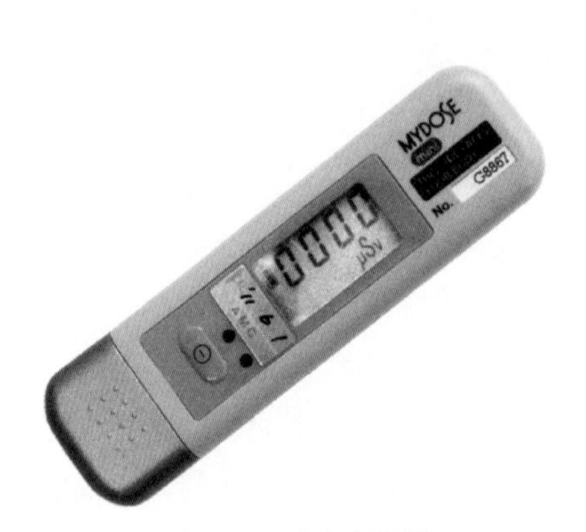

图 3-22　个人剂量计

图 3-23 辐射测量仪

三、现场屏蔽防护装置

受检测现场条件限制，往往难以保证人员离开透照区域足够远的距离。在这种情况下，屏蔽就显得尤为重要。根据电力电缆线路测试现场环境，对于变电站、电缆沟等通道可采用专用防护装置进行屏蔽。屏蔽装置的设计应既符合《电离辐射防护与辐射源安全基本标准》（GB 18871—2002）对职业照射和公众照射剂量限值的要求，又满足现场环境实用的原则。

第四章　电力电缆及附件典型结构

第一节　电力电缆典型结构

一、基本结构

电力电缆的基本结构包括线芯（导体）、绝缘层、屏蔽层和保护层四个部分。

1. 线芯

线芯是电力电缆的主要部分，它是电力电缆的导电部分，即输送电能的载体。

2. 绝缘层

绝缘层是将线芯与外界在电气上彼此隔离的主要保护层，它承受工作电压及各种过电压长期作用，其耐电强度及长期稳定性能是保证整根电缆完成输电任务的最重要部分，是电力电缆结构中保证电能输送不可缺少的组成部分。

3. 屏蔽层

屏蔽层多用于10kV及以上的电力电缆，分为导体屏蔽层和绝缘屏蔽层。屏蔽层是中高压电力电缆采用的一项改善金属电极表面电场分布，同时提高绝缘表面耐电强度的重要技术措施。导体屏蔽层使导体形成了光滑圆整的表面，大大改善了表面电场分布，同时，能与绝缘紧密接触而把气隙屏蔽在工作场强之外，克服了绝缘与金属无法紧密接触而产生气隙的弱点。

4. 保护层

保护层的作用是保护电力电缆的内部结构免受外界杂质和水分的侵入，以及防止外力对电力电缆的破坏。

二、中低压电力电缆

电力电缆按绝缘材料可分为油浸纸绝缘电力电缆、塑料绝缘电力电缆、橡皮绝缘电力电缆；按电压等级可分为中低压电力电缆（35kV及以下）、高压及超高压电力电缆（66～500kV）以及特高压电缆（750kV及以上）。

目前，国内35kV及以下的中低压电力电缆主要用于配电网，其使用量占电缆总量的90%以上。由于中低压电力电缆的电压等级相对较低，电缆绝缘可以有多种选择，包括橡皮、塑料（聚氯乙烯和交联聚乙烯）。其中，橡皮绝缘电力电缆一般在有特殊要求下使用，聚氯乙烯绝缘主要用于1kV电压等级的电力电缆，其余电压等级大部分为交联电缆。

1. 橡皮绝缘电力电缆

普通的合成橡胶有丁苯橡胶、丁基橡胶、氯丁橡胶和氯磺化聚乙烯等，其分子结构中含有双键，故耐臭氧差，在电晕作用下会发生开裂；击穿场强较低，所以不能用于高电压等级，只能用于低压配电系统和经常移动的场合。

乙丙橡胶主键由化学性能稳定的饱和烃所组成，具有较高的耐氧性和耐候性，交流击穿强度在35～45kV/mm。乙丙橡胶加入第三单体如环戊二烯或乙叉降冰片烯形成三元乙丙橡胶，更能改善其工艺性能，可用于35kV级电力电缆或高压电动机引出线，若和其他橡胶共混使用更可获得优异的性能。

乙丙橡皮绝缘电力电缆和塑料绝缘电力电缆的结构大致相同，可参考下文中塑料电力电缆的结构。

2. 聚氯乙烯绝缘电力电缆

聚氯乙烯塑料是以聚氯乙烯树脂为基础，配以增塑剂、稳定剂、防老剂等多组分的混合材料。聚氯乙烯具有一定的优点，如加工简单、生产率高、成本低、耐油、耐腐蚀、化学稳定性好。但由于它是极性材料，介质损耗大，耐热性低（最高允许工作温度70℃）；耐电强度低，长期工频击穿强度4kV/mm左右，脉冲击穿强度40～50kV/mm，$\tan\delta$为0.1左右，相对介电系数ε为5左右；燃烧时产生氯化氢（HCl）等有毒气体，所以限制了它的使用和发展。聚氯乙烯绝缘电力电缆的结构如图4-1所示。

1kV级的三芯电力电缆可以没有金属屏蔽层，三芯成缆后包以铠装层，再挤包外护层即可。其产品如铝芯聚氯乙烯绝缘双钢带铠装聚氯乙烯护套电力电缆，若额定电压相电压为0.6kV、线电压为1kV，三芯，标称截面积为240mm^2，根据《额定电压1kV（U_m=1.2kV）到35kV（U_m=40.5kV）挤包绝缘电力电缆及附件　第1部分：额定电压1kV（U_m=1.2kV）和3kV（U_m=3.6kV）电缆》（GB/T 12706.1—2020），其型号应写为VLV−0.6/1 3×240。若为铜芯则将“L”改为“T”，亦可省略不写；“V”表示聚氯乙烯；数字中，前一位数字表示铠装层，后一位

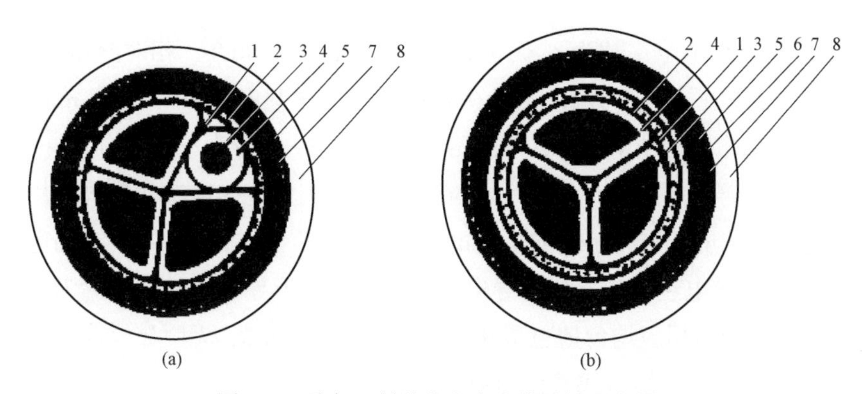

图 4-1 聚氯乙烯绝缘电力电缆结构示意图

（a）四芯电缆；（b）三芯电缆

1—聚丙烯填充；2—绕包内衬层；3—铜（铝）导电线芯；4—聚氯乙烯绝缘；5—铜带屏蔽层；6—隔离层；7—钢丝（钢带）铠装层；8—聚氯乙烯（聚乙烯）外护套

数字表示外护层，若是聚乙烯外护层应表示为“3”。

3. 交联电缆

（1）聚乙烯树脂。聚乙烯的介电系数和 $\tan\delta$ 较小，分别为 2.11 和 0.002，且为非极性材料，电气性能良好。但其耐热性低、力学性能较差，在环境应力作用下易形成开裂。因其分子结构是结晶相和无定形相两相并存，在生产和运行中由于温度和应力的变化，容易在界面上产生气隙而引发树枝化放电。目前在我国聚乙烯料仅用来做电缆护套料使用。

为了克服聚乙烯的缺点，主要采用交联的方法使聚乙烯的线型分子结构变成三维空间的网状结构，可极大地提高其击穿强度和耐热性能，而保持了聚乙烯原有的优点。

（2）交联聚乙烯。交联聚乙烯是通过物理或化学方法将聚乙烯进行交联而成：物理方法主要是利用高能射线将 C—H 键断开使聚乙烯生成游离基，游离基相互结合形成 C—C 键面形成交联聚乙烯；化学方法是通过交联剂（如过氧化二异丙苯 DCP）夺取分子中的氢原子使之生成游离基进而进行交联。其交联生产方式主要是通过惰性气体（如氮气）保护，电加热和惰性气体保护冷却，即所谓“全干式”交联，最大限度地在生产过程中防止水分进入绝缘生成水树枝。高压和超高压交联电缆均需采用“全干式”交联生产线。在低压系统中，可采用硅氧烷即“温水”交联，通过硅氧烷的“接枝”，在 80～100℃的水中实现聚乙烯的交联，成本低、工艺简单，在低压系统可完全取代聚氯乙烯绝聚电力电缆。交联聚乙烯的体积电阻系数为 $5\times10^{14}\Omega\cdot m$，$\tan\delta$ 为 0.0006，相对介电系数ε为 2.11，平均工频击穿强度为 8～10kV/mm，平均冲击强度为 50～60kV/mm。

（3）交联电缆的结构。35kV 及以下的交联电缆大部分为三芯结构，如图 4-2 所示。为了改善电场分布，相电压 U_0 在 1.8kV 以上的电缆应有导体屏蔽层和绝缘屏蔽层。导体屏蔽应为挤包的半导电层，标称截面积 $500mm^2$ 及以上的电缆导体屏蔽应由半导电包带和挤包半导电层联合组成，半导电料以聚乙烯为基料加炭黑组成。半导电层应均匀地包覆在导体上，表面应光滑，无明显纹线和凸纹，不应有尖角、颗粒、烧焦或擦伤的痕迹。

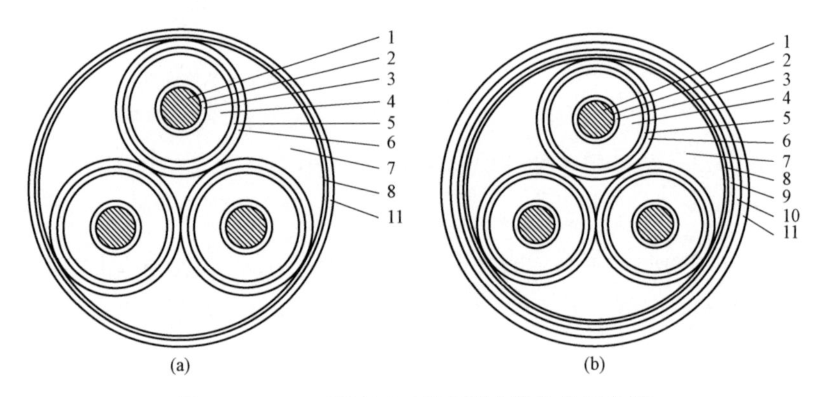

图 4-2　35kV 及以下三芯交联电缆结构示意图

（a）无铠装电力电缆；（b）有铠装电力电缆

1—铜芯导体；2—半导电包带；3—导体屏蔽层；4—交联聚乙烯绝缘；5—绝缘屏蔽层；6—铜屏蔽带；7—填充料；8—无纺布包带；9—内护套；10—铠装；11—外护套

绝缘屏蔽在相电压 U_0 为 8.7kV 以下时可采用挤包型、包带型或包带内加石墨涂层结构。相电压 U_0 为 8.7kV 以上时应为挤包半导电层。相电压 U_0 为 12kV 及以下时，挤包型绝缘屏蔽应是可剥离的。

半导电屏蔽层的主要作用是均匀电场，使偶然形成的凸纹凸起屏蔽于半导电屏蔽层内，防止电场集中；因半导电层和导电线芯是等电位的，故它们之间的气隙不受电场力的作用。半导电层的物理性能介于导体和绝缘层之间，可使三者紧密地结合在一起，减少了气隙，也减少了气隙放电的可能。半导电层还有一定的隔热作用，防止由于运行时损耗产生的过热使绝缘加速老化。

额定电压 U_N 为 1kV 及以上时应有金属屏蔽层，金属屏蔽有铜丝屏蔽和铜带屏蔽两种结构。额定电压 U_N 为 21kV 以上且导体标称截面积为 $500mm^2$ 以上电缆的金属屏蔽层应采用铜丝屏蔽结构。铜丝屏蔽由疏绕的软铜丝组成，其表面应用反向铜丝或铜带扎紧，其厚度可根据故障电流选取。除此之外，一般的金属屏蔽层为不小于 0.10mm 厚的软铜带重叠绕包组成。对于三芯电缆，金属屏蔽层可统包或分相绕包。一般 35kV 级的电缆应分相包覆金属屏蔽层，以实现分相屏蔽达到电场径向分布的目的。

金属屏蔽层的作用主要为静电屏蔽。电缆敷设时通过金属屏蔽层接地使其电位为零。在单芯或分相屏蔽电缆绝缘内的电场径向分布，消除了切向分量，可防止绝缘表面产生滑闪放电。金属屏蔽层也可作为部分短路电流的回路。

35kV 及以下的交联电缆的表示方法大致同前述，只是用“YJ”表示交联聚乙烯绝缘，“Y”表示聚乙烯绝缘或护套，外护层代号按《电缆外护层　第 1 部分：总则》（GB/T 2952.1—2008）规定。产品用型号、规格（额定电压、芯数、标称截面积）及标准编号的表示方法，如铝芯交联聚乙烯绝缘钢带铠装聚乙烯护套电力电缆，额定电压为 21/35kV，三芯，标称截面积为 150mm^2，表示为 YJLV23-21/35 3×150。

三、高压电力电缆

随着塑料工业的快速发展，合成塑料的绝缘性能不断提高，使得塑料电缆在安装和经济方面的突出优点得以发挥，而交联电缆以其合理的工艺和结构、优良的电气性能和安全可靠的运行特点在国内外获得了迅猛的发展。目前的高压电力电缆中，交联电缆已基本代替了充油电缆。

1. 结构

用于高压输电系统的电力电缆大多为单芯结构，110kV 交联电缆的结构如图 4-3 所示。

按照国家标准《额定电压 110kV（U_m=126kV）交联聚乙烯绝缘电力电缆及其附件　第 2 部分：电缆》（GB/T 11017.2—2014）规定，如铜芯、单芯、标称截面积 630mm^2、110kV 交联聚乙烯绝缘皱纹铝套聚氯乙烯护套电力电缆应表示为 YJLW02-110/1×630。

充油电缆是利用补充浸渍剂来消除绝缘中形成的气隙，以提高电缆工作场强的一种电缆结构。单芯充油电缆的结构如图 4-4 所示。

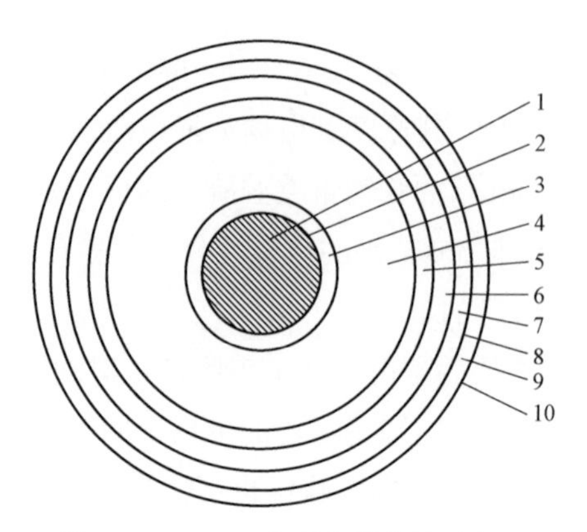

图4-3　110kV交联电缆结构示意图

1—导体；2—半导电包带；3—导体屏蔽；4—交联聚乙烯绝缘；5—绝缘屏蔽；6—阻水包带；7—皱纹铝护套；8—沥青；9—外护套；10—石墨涂层

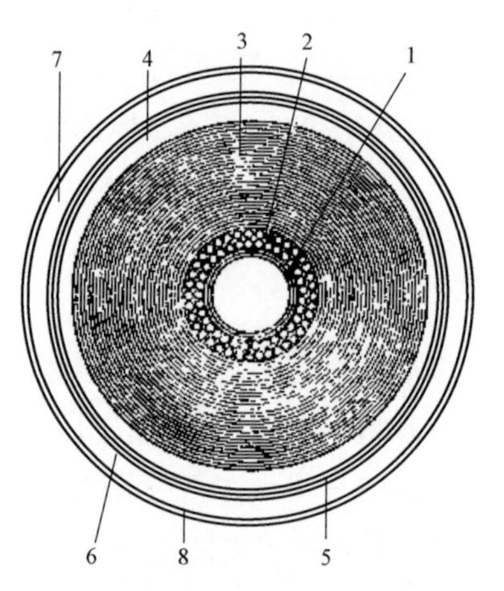

图4-4　单芯充油电缆结构示意图

1—油道；2—导体；3—纸绝缘；4—铅护套；5—纵向加强层；6—横向加强层；7—橡胶护套；8—外护层

2. 材料

导体一般为铝或铜单线规则绞合紧压结构，标称截面积为 $800mm^2$ 及以上时为分割导体结构。

内半导电层为导体屏蔽，应为挤包的半导电层，标称截面积为 $500mm^2$ 及以上的电缆导体屏蔽应由半导电包带和挤包半导电层组成。绝缘屏蔽应为挤包半导电层。半导电屏蔽为可交联型的，由聚乙烯和炭黑组成。

交联聚乙烯绝缘料代号为 XLPE，为聚乙烯基料和交联剂及各种添加剂配好的粒状料。必须严格控制生产工艺，要求做到“超净”，严防杂质和水分浸入绝缘料内。在挤出时，内外半导电屏蔽层和绝缘层要同时挤出。交联线应采用全干式交联线，即加温交联和冷却均用惰性气体保护和循环。

金属护层可以为电缆故障电流提供回路并提供一个稳定的地电位，高压电力电缆采用皱纹铝套结构，还能起到机械保护的作用；如产品有防水要求，可根据使用场合不同，选用金属套加缓冲层的结构起到防水的作用。为了防止金属护层的腐蚀，一般在皱纹铝套外层涂覆一层沥青。

外护层采用聚氯乙烯或聚乙烯护套料，代号分别为 PVC 和 PE。为了方便测试外护层的绝缘电阻，外护层表面应有导电涂层。

第二节　电缆附件典型结构

电缆附件是指电缆线路中各种接头和终端的统称。电缆接头是指电缆段与电缆段相互连接的装置，起着使电路畅通，保证相间或相对地的绝缘、密封和机械保护的作用。电缆终端是装配到电缆线路首末端，用以保证与电网或其他用电设备的电气连接，并且作为电缆导体线芯绝缘引出的一种装置。

一、中低压电缆附件

由于电缆使用环境复杂，连接方式要求各不相同，因此，电缆附件的种类繁多。按电缆附件的材料、结构、成型工艺及安装工艺来分，中低压电缆附件主要有如下几种。

（1）绕包式：用制成的橡胶带材（自黏性）现场绕包制作的电缆附件称为绕包式电缆附件。典型的绕包式中压电缆接头结构如图 4-5 所示，该类附件易松脱、耐候性较差、寿命短。

（2）浇注式：用热固性树脂作为主要材料在现场浇灌而成，所选的材料有环氧树脂、聚氨酯、丙烯酸酯等。该类附件的致命缺点是固化时易产生气泡。

（3）热缩式：利用高分子材料具有“弹性记忆”的特点，将橡塑合金制成具有“形状记忆效应”的不同组件制品，在现场加热收缩在电缆上而制成的附件。典型的热缩式中压电缆接头和终端结构分别如图 4-6 和图 4-7 所示。该类附件具有质量轻、施工简单方便、运行可靠、价格低廉等特点。

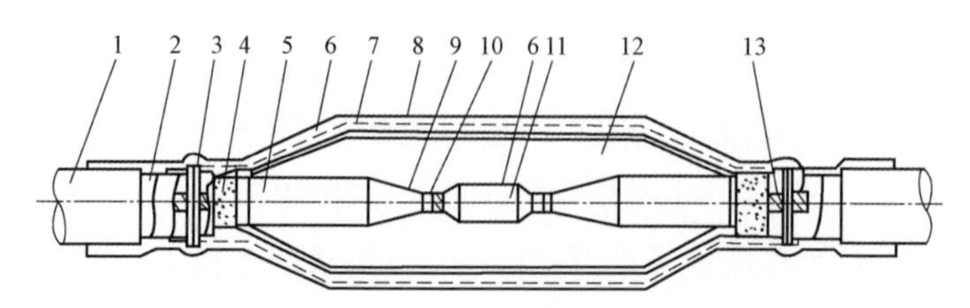

图 4-5　典型绕包式中压电缆接头结构示意图

1—电缆外护层；2—电缆金属屏蔽层；3—绑扎铜丝；4—外半导电层；5—电缆绝缘；6—自黏性橡胶半导电带；7—铜屏蔽网；8—热缩管；9—应力锥；10—内半导电层；11—导体接管；12—自黏性橡胶绝缘带；13—地线

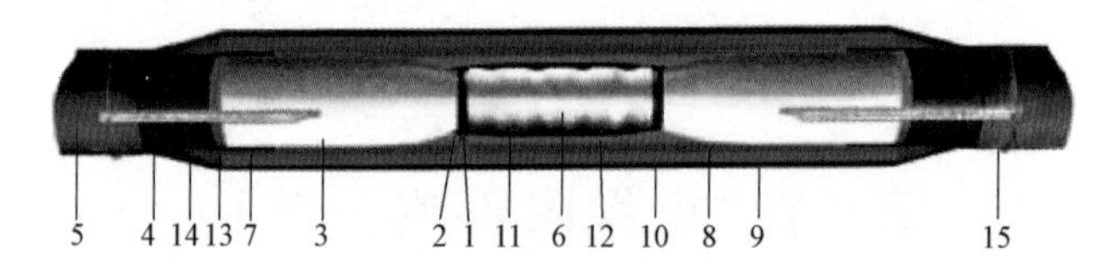

图 4-6　热缩式中压电缆接头结构示意图

1—导体；2—内半导电层；3—交联聚乙烯绝缘；4—外半导电层；5—铜屏蔽带；6—连接管；7—应力控制管；8—内绝缘管；9—外绝缘管；10—屏蔽管；11—半导电带；12—填充胶；13—应力疏散胶；14—密封胶；15—铜屏蔽带

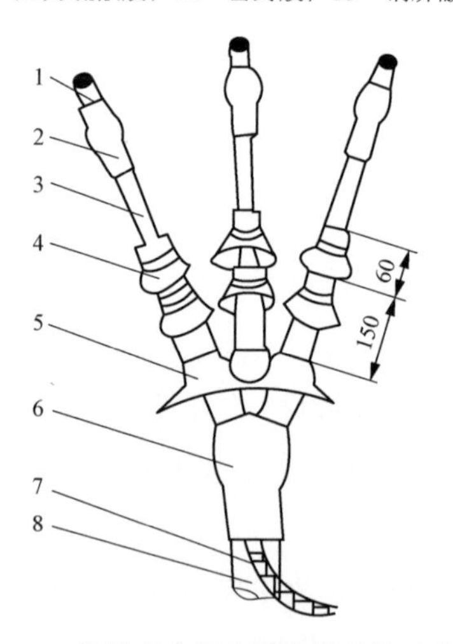

图 4-7　热缩式中压电缆终端结构示意图

1—端子；2—密封管；3—绝缘管；4—单孔防雨裙；5—三孔防雨裙；6—分支手套；7—地线；8—聚氯乙烯护套

（4）冷缩式：用硅橡胶、三元乙丙橡胶等弹性体先在工厂预扩张并加入塑料支撑条而成型，在现场施工时，抽出支撑条使管材在橡胶固有的弹性效应下收缩在电缆上而制成电缆附件。典型的冷缩式中压电缆接头结构如图 4-8 所示。该类附件最适合于不能用明火加热的施工场所，如矿山、石油化工企业工作现场等。

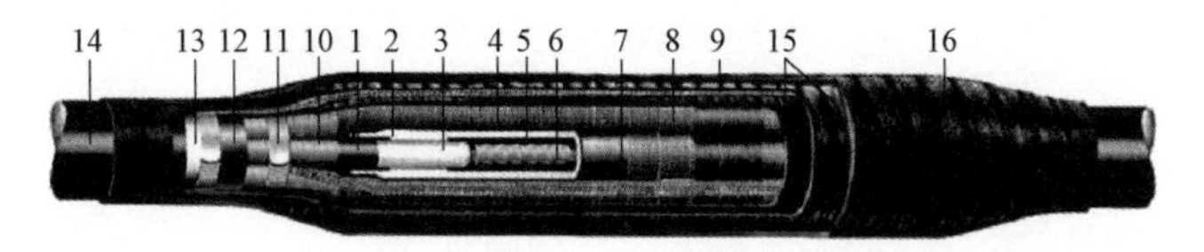

图 4-8　典型冷缩式中压电缆接头结构示意图

1—绝缘半导电层；2—应力锥；3—线芯绝缘；4—接头绝缘层；5—接头屏蔽层；6—连接管；7—接头外屏蔽层；8—铜屏蔽网；9—钢铠过桥地线；10—电缆铜屏蔽；11—恒力弹簧；12—电缆内护层；13—电缆铠装层；14—电缆外护套；15—防水胶带层；16—装甲带

（5）预制式：用乙丙橡胶或硅橡胶注射成不同组件，一次硫化成型，仅保留接触界面，在现场施工时插入电缆而制成的附件。典型的预制式中压电缆终端结构如图 4-9 所示。

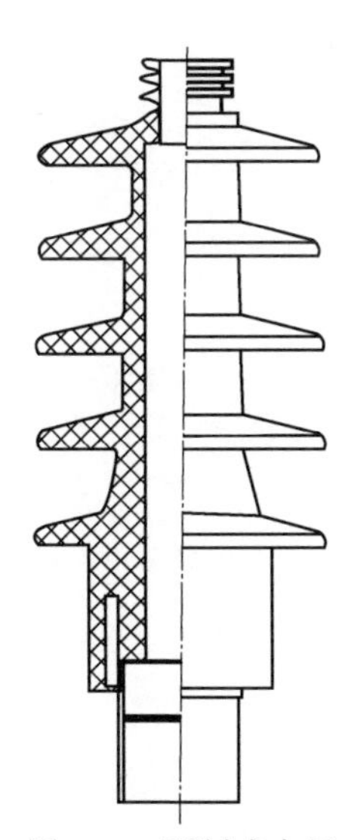

图 4-9　预制式中压电缆终端结构示意图

二、高压电缆接头

在高压电缆接头中，一根电缆由线芯、铅护套（或屏蔽）分别与另一根电缆的线芯、锯护套（或屏蔽）相连接，基本上保持了电缆绝缘层内场强分布，不存在像终端头中端点的电场集中区。但接头均是在安装敷设现场用手工制作，工艺条件较差，同时，在线芯连接处亦可能产生电场集中，因此需要增加接头的绝缘厚度，以降低其工作场强。

高压电缆接头的结构型式根据电缆型式、电压等级及用途的不同而异。

高压电缆接头按用途可分为直通接头和绝缘接头。绝缘接头的内绝缘结构尺寸和直通接头相同，但增绕绝缘外缠绕的半导体纸和金属接地层都要在接头中间部分断开不能连续。高压接头的外壳铜管中间部分用环氧树脂绝缘片或瓷质绝缘垫片隔开，使电缆的金属护套在轴向绝缘。绝缘垫片的厚度一般为 40mm。绝缘接头用于长电缆线路各相电缆金属护套的交叉互联接地，从而减小金属护套损耗。

按其制作工艺分，高压电缆接头主要有绕包型、模塑型和浇铸型三种。

1. 绕包型接头

绕包型接头的绝缘层及内外屏蔽层都是现场手工绕包制作的，其特点是工艺简单，加上使用经验比较丰富，所以到目前为止仍为交联电缆接头的主要结构之一。其缺点是允许工作场强较模塑型和浇铸型的低，所以结构尺寸较大，接头质量直接受施工条件影响（如绕包技术水平、环境条件等），劳动强度也较大。

绝缘绕包带有乙丙橡胶带、丁基橡胶带、浸渍涤纶带、乙丙橡胶加辐照聚乙烯复合带、涂硅油的乙丙橡胶带等类型。采用辐照聚乙烯带是为了利用它的热收缩性压紧手工绕包绝缘。加入硅油的目的是减少气泡，提高电气性能。

交联电缆绕包型电缆接头的结构如4-10所示。

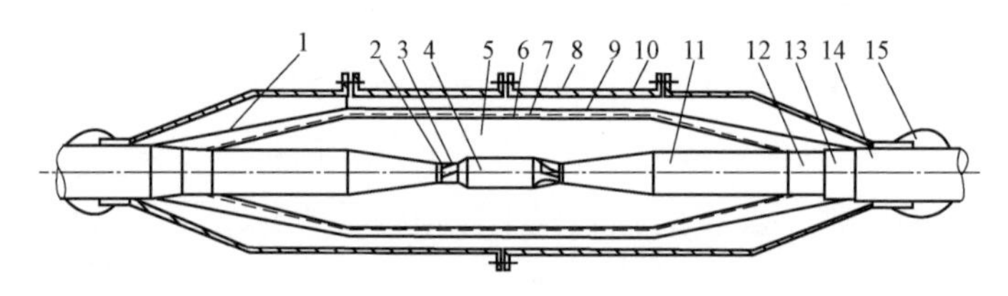

图4-10　交联电缆绕包型电缆接头结构示意图

1—接地引线；2—线芯；3—半导电带；4—线芯连接管；5—绝缘自黏带；6—半导体带；7—金属屏蔽带；8—加固带；9—防水层；10—保护盒；11—电缆绝缘；12—电缆半导电屏蔽；13—电缆铜带；14—电缆护套；15—防水带层

2. 模塑型接头

模塑型接头是用与电缆绝缘材料相同的绝缘带（如聚乙烯电力电缆就用聚乙烯带，交联电缆就用化学交联聚乙烯带或辐照聚乙烯带）绕包后加热模塑成型，使它与电缆绝缘成为一个整体。这种接头结构性能良好、结构轻便，较适合于水底电缆的连接。

模塑方法有利用金属模具或绕包保护带来对辐照聚乙烯带进行加热成型两种。用金属模具方法的缺点是模具对不同尺寸的电缆不能通用，而且模具尺寸与绕包带外径如何取得最佳配合也是问题，所以初期模塑方法都用保护带法。采取保护带法时由内到外的绕包结构为：辐照聚乙烯带（绝缘层）-透明薄膜带（剥离层）-加硫橡胶（起加压成型作用）-布带及玻璃丝带（起加压作用）-金属带（构成等温层）-电热丝（用来加热）。交联电缆模塑型接头结构如图4-11所示。

因为辐照聚乙烯带的模塑和乙丙橡胶带的硫化需要150℃的温度，所以模塑表面加热温度较高；而对于400mm^{2}以上的线芯截面，由于其线芯散热较大，模塑表面温度要超过200℃。由于高温易使辐照聚乙烯带老化，所以模塑型接头只适用于线芯截面积为 400mm² 以下的电电缆，而截面积为 400mm² 以上的电缆一般采用绕包型接头或浇铸型接头。

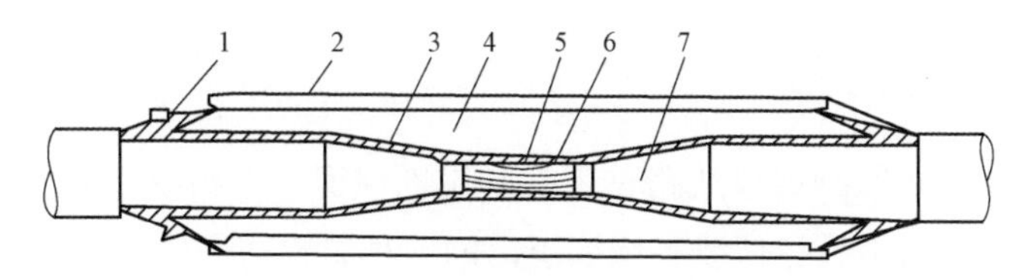

图 4-11 交联电缆模塑型接头结构示意图

1—屏蔽层绝缘；2—外半导电层；3—乙丙橡胶带；4—辐照聚乙烯模塑绝缘；5—线芯焊接；6—半导电乙丙橡胶；7—线芯

3. 浇铸型接头

目前，浇铸型接头主要用于聚乙烯电力电缆和乙丙橡胶电力电缆。这种接头的结构和工艺比较先进，接头中绝缘和电缆绝缘完全一样且融为一体，电性能比较好，可以缩小接头的结构尺寸。

以聚乙烯电力电缆的浇铸型接头为例，其工艺步骤为：①线芯连接；②线芯外面包半导体聚乙烯带，使它与电缆的线芯屏蔽焊牢；③套上模子，模子的内径相当于接头绝缘外径，模腔与一放满聚乙烯粒子的容器相连，该容器预热到 210～220℃；④当容器预热好，模子加热时，充入氮气以排除空气，防止聚乙烯氧化；⑤在放聚乙烯的容器顶部加氮压，将熔融的聚乙烯压入模腔（约 2h）；⑥浇铸完毕后，在外表面涂半导体漆和绕包半导体尼龙带保护，其外表包一层金属屏蔽带，并与电缆的金属屏蔽层相连接；⑦最外面为金属防护外壳和防护用自黏绕包带（自黏带）。聚乙烯电力电缆浇铸型接头的结构如图 4-12 所示。

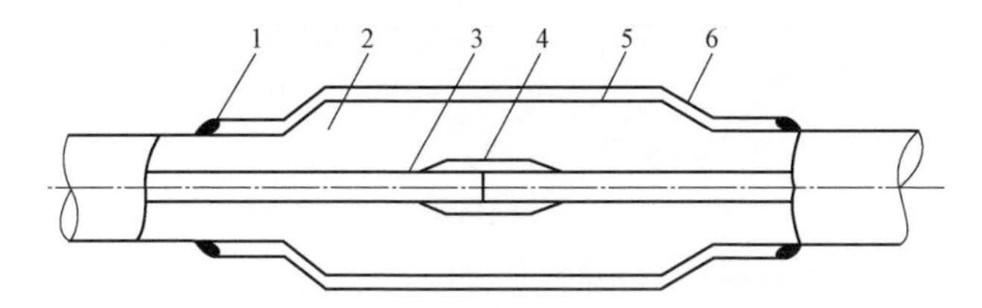

图 4-12 聚乙烯电力电缆浇铸型接头结构示意图

1—自黏带；2—浇铸绝缘；3—半导体屏蔽；4—线芯连接管；5—半导体漆和尼龙带；6—金属屏蔽带

浇铸型接头的特点：

（1）接头的绝缘和电缆绝缘融合为一整体，所以应力锥可做得很短。

（2）尺寸可比绕包型减小一半以上。

（3）因为在金属模子内高压力下浇铸硫化，所以接头绝缘可以做到无气泡，电气性能好。

三、高压电缆终端

电缆终端是装配到电缆线路首末端，用以保证与电网或其他用电设备的电气连接，并且作为电缆导体线芯绝缘引出的一种装置。

高压电缆终端一般由下列各部分组成：①内绝缘（有增绕式和电容式两种）；②外绝缘（一般用瓷套管或环氧树脂套管）；③密封结构；④出线杆（与电缆线芯的连接方式有卡装和压接两种）；⑤屏蔽罩。

终端的结构型式根据电缆型式、电压等级及用途的不同而不同。按电缆终端的用途可将其分为户外终端、油浸终端和GIS终端。按制作工艺分，主要有绕包型（增绕绝缘和电容锥式）、模塑型（增绕绝缘和电容锥式）、浇铸型、预制型终端等几种。

1. 绕包型终端

绕包型终端的应力锥、增绕绝缘部分都用绝缘自黏带绕包，用半导体自黏带绕包屏蔽。为了提高终端的电气性能，一方面需要提高自黏带的绝缘性能，另一方面应采取电容式结构。

绕包型终端的结构如图4-13所示，这种结构的特点是：

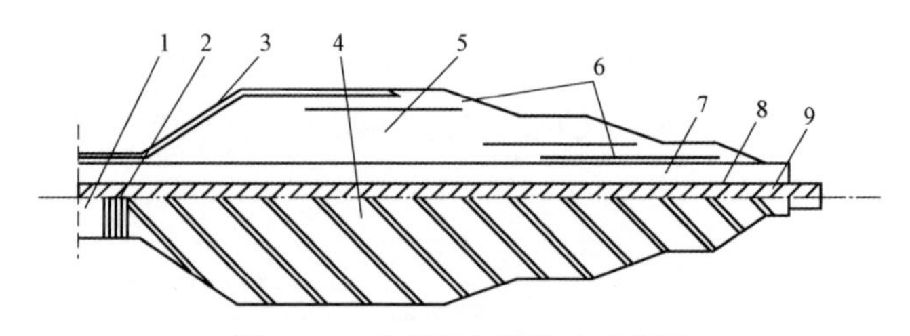

图4-13 绕包型终端结构示意图

1—电缆护套；2—铜带屏蔽；3—铝箔；4—两层硅橡胶带；5—丁基橡胶和交联聚乙烯组成的自黏带；6—电容极板；7—电缆绝缘；8—挤压半导电屏蔽；9—线芯

（1）手工绕包自黏带，在绝缘层中按设计夹入铝箔，构成电容锥结构。

（2）为了改善电性能，在铝箔的两端以及在绝缘中电场不均匀区域都绕包半导体带。

（3）最外面包两层硅橡胶带，提高耐电晕性和耐环境污染性，但不能有撕裂或损伤。

这种结构的终端虽有较好的耐电晕和耐闪络性能，但最外层的硅橡胶不能有机械损伤，因此长期可靠使用应使用瓷套结构。

2. 模塑型终端

模塑型终端一般采用辐照聚乙烯带模塑应力锥，绝缘材料采用 0.1～0.2mm 厚的辐照聚乙烯带，导电材料为导电性聚乙烯和辐照聚乙烯带并用。模塑应力锥可按图 4-14 所示的结构进行加工。

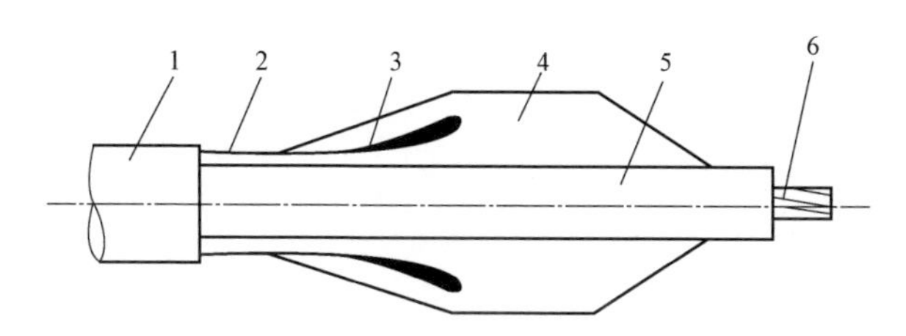

图 4-14　模塑应力锥结构示意图

1—聚氯乙烯护套；2—外部导电层；3—导电性聚乙烯和辐照聚乙烯；4—辐照聚乙烯；5—电缆绝缘；6—线芯

（1）在电缆的化学交联聚乙烯表面涂以有机过氧化物，可能产生新的交联而提高粘结强度。

（2）在真空下加压模塑成型。

（3）模塑应力锥用透明聚四氟乙烯带包缠并套以热收缩的塑料套，使表面紧密而无外径变形，加工后可以观察绝缘内部质量。

（4）用导电性聚乙烯和辐照聚乙烯制作应力锥喇叭口，并使喇叭口末端具有最适当的曲率半径。

3. 浇铸型终端

浇铸型终端的制作工艺同浇铸型接头一样，应力锥为熔融的聚乙烯在氮气压力下浇铸而成，外绝缘用瓷套。应力锥的外缘有一环状分隔膜，卡紧在瓷套内壁上，使瓷套内腔分为上、下两部分，上部分充硅油（或矿物油），下部分为空腔，以防止油对应力锥屏蔽和电缆屏蔽层有不良影响。聚乙烯电力电缆浇铸型终端的结构如图 4-15 所示。

4. 预制型终端

预制型终端主要有预制应力锥型和预制绝缘管型两种。

（1）预制应力锥型终端是事先用模塑辐照聚乙烯或模压乙丙橡胶预制而成，在现场把它插入电缆末端。插入的方式有两种，一种是在电缆绝缘体上包一些特殊浸渍的纸带，然后把预制的应力锥插装上去，其结构如图 4-16（a）所示；另一种是弹簧压紧结构，当应力锥装到预定部位后，用金具和弹簧紧压，使界面紧密接触，其结构如图 4-16（b）所示。

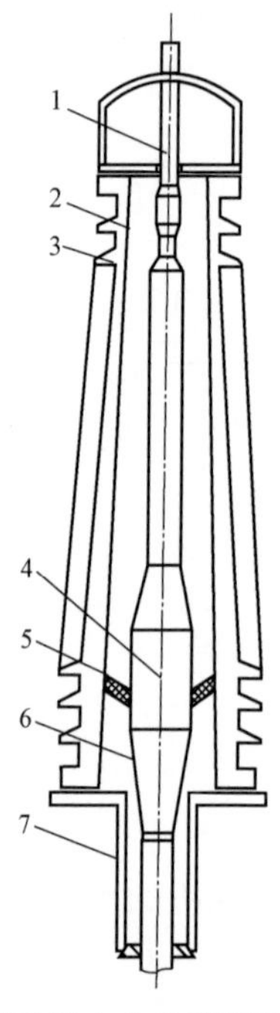

图 4-15　聚乙烯电力电缆浇铸型终端结构示意图

1—连接杆；2—绝缘填充剂；3—瓷套；4—浇铸应力锥；5—金属环；6—半导体漆和软金属屏蔽；7—尾管

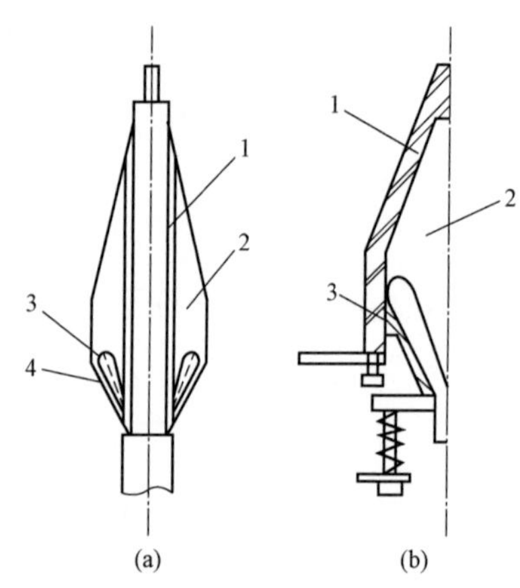

图 4-16　预制应力锥插入方式结构示意图

（a）绕包纸带插入结构；（b）弹簧压紧结构

1—浸渍纸；2—电缆绝缘；3—半导电层；4—金属屏蔽；5—环氧树脂；6—应力锥；7—紧压金属

（2）预制绝缘管型终端的结构如图 4-17 所示。

1）图 4-17（a）所示结构，其底部由导电性合成橡胶填充，在其上面由绝缘合成橡胶填充，再上面套以预制绝缘管。它们依次套上电缆末端后，在顶部通过弹簧和压板加以轴向压紧。瓷套支撑环上部凡有间隙的地方都充以硅油。

2）图 4-17（b）所示结构也称为预制隔栏元件型。其中，应力锥和隔栏元件都是单个的，安装时只需套上电缆末端即可。瓷套内不充油，所以隔栏元件都做成裙边形状，以增加沿面放电强度。应力锥和隔栏元件都由合成橡胶制成。

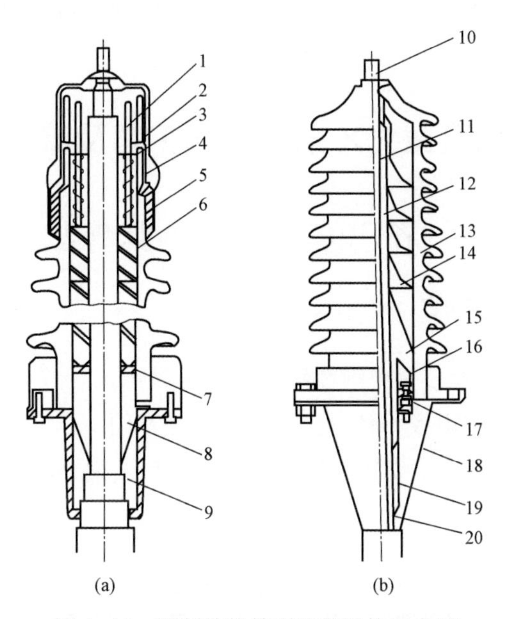

图 4-17　预制绝缘管型终端结构示意图

（a）预制绝缘管型终端结构 1；（b）预制绝缘管型终端结构 2

1—弹簧导体；2—压板支持杆；3—压板；4—弹簧；5—硅油；6—预制绝缘管；7—支撑板；8—绝缘合成橡胶；9—导电合成橡胶；10—出线杆；11—线芯；12—电缆绝缘；13—瓷套；14—隔栏元件；15—应力锥；16—应力锥喇叭口；17—弹簧装置；18—尾管；19—绝缘屏蔽与应力锥连接；20—电缆绝缘的半导电屏蔽

预制型终端安装时间短，并且不需要在现场使用各种特殊工具（模塑）和熟练的操作技术等，因此是可供推广的一种结构型式。

第五章　X 射线检测工艺及流程

第一节　电缆及其附件典型缺陷

一、电缆本体缺陷

根据国家电网有限公司电缆线路运维情况显示，导致电缆本体缺陷的主要原因是外力破坏。根据电缆本体受到破坏的程度不同，又可划分为穿透外护套、穿透铝护套、穿透铜屏蔽、穿透电缆主绝缘等多种缺陷形式。电缆本体缺陷形式及特征见表 5-1。

表 5-1　　电缆本体缺陷形式及特征

电压等级（kV）	部位	缺陷形式	缺陷特征
10～35	电缆本体	外力破坏	尖锐物体贯穿性破坏（穿透外护套、穿透铜屏蔽、穿透电缆主绝缘）
10～35	电缆本体	外力破坏	非贯穿性破坏（电缆有凹损）
10～35	电缆本体	外力破坏	金属粉末（制造工艺不良导致在绝缘层上有微小金属颗粒）
110～220	电缆本体	外力破坏	尖锐物体贯穿性破坏（穿透外护套、穿透铜屏蔽、穿透电缆主绝缘）
110～220	电缆本体	外力破坏	非贯穿性破坏（电缆有凹损）
110～220	电缆本体	外力破坏	金属粉末（制造工艺不良导致在绝缘层上有微小金属颗粒）

二、电缆附件缺陷

电缆附件缺陷主要包括主绝缘金属粉末、应力锥位移、主绝缘割伤、主绝缘切槽、半导电剥切不良、铜屏蔽处理不良、接头压接不良、接头与电缆本体不配套等缺陷形式。电缆附件缺陷形式及特征见表 5-2。

表 5-2　　电缆附件缺陷形式及特征

电压等级（kV）	部位	缺陷形式	缺陷特征
10～35	电缆终端	金属粉末	制作工艺不良，在绝缘层上留有金属粉末等杂质
10～35	电缆终端	应力锥位移、应力锥材料变形或老化	制作工艺不良，应力锥与半导体断口位置产生位移；产品制造工艺不良；长期运行老化等
10～35	电缆终端	主绝缘割伤	制作工艺粗糙，割伤主绝缘层
10～35	电缆终端	主绝缘切槽	屏蔽罩处切槽工艺尺寸偏差
10～35	电缆终端	半导电剥切不良	制作工艺不良，半导电断口不规则
10～35	电缆终端	铜屏蔽处理不良	制作工艺不良，铜屏蔽有尖端
110～220	电缆终端	主绝缘金属粉末、应力锥位移、半导电剥切不良等	制作工艺不良，铜屏蔽有尖端
10～35	电缆接头	接头压接不良等	制作工艺不良，导致压接不符合工艺要求
10～35	电缆接头	接头与电缆本体不配套	制作粗糙，电缆接头与电缆本体有空隙或尺寸不符合要求
110～220	电缆接头	接头压接不良、应力锥位移、半导电剥切不良等	制作粗糙，电缆接头与电缆本体有空隙或尺寸不符合要求

根据国家电网有限公司状态评价导则要求，对于电缆本体变形、附件破损或者绝缘能力下降，劣化等级判为Ⅲ级甚至以上，单项扣分可达 24 分以上，电缆设备处于异常状态。对于 110kV 及以上的高压、超高压电力电缆，由于绝缘厚度设计裕度较低，一旦电缆主绝缘受损，将会直接影响电缆线路的安全稳定运行，甚至发生电缆本体击穿事故。当电缆主绝缘存在一定的变形量，电缆皱纹铝护套直接与电缆主绝缘缓冲层紧密压实，且运行过程中在热的影响下电缆铝护套可能会挤伤电缆主绝缘，形成绝缘局部薄弱点，危害电缆安全运行。

第二节　电缆 X 射线检测工艺

一、电缆外力破坏的检测工艺

1. 理论分析

电力电缆是一种多层的环状结构，相对较为规则，各层材料各异。理论上看，射线径向通过电缆时，由于各层对射线的衰减能力以及透照厚度均存在差异，造成其在底片上形成亮度不一的影像。110kV 电力电缆理想 X 射线检测图像以及实际透照得到的典型图像分别如图 5-1 和图 5-2 所示。

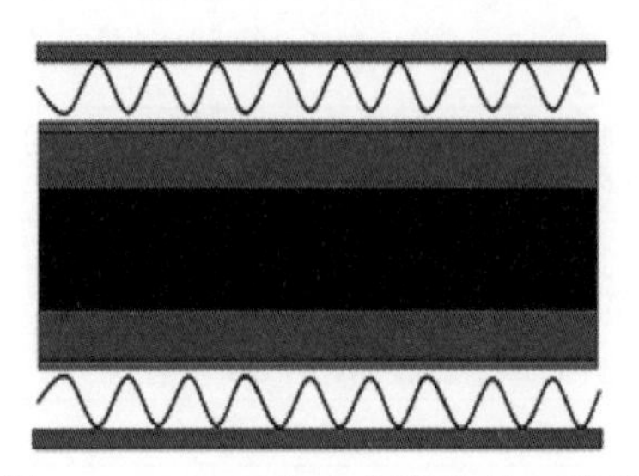

图 5-1　110kV 电力电缆理想 X 射线检测图像

图 5-2　110kV 电力电缆 X 射线实际透照典型图像

电缆本体外力破坏一般包括施工机械损伤、人为破坏以及电缆沟盖等砸伤等类型，而铝套（钢铠）在一定程度上能够减少外力对电缆的伤害。从另外一方面说，一般情况下只要电缆半导电层和绝缘层完好，则可肯定无须对电缆进行更换或制作接头，只需简单修复即可。因此，进行 X 射线检测时，只需结合电缆型号和结构观察外力破坏部位各层影像是否完整即可判断电缆损伤程度。

2. 透照电压的选择

透照电压是 X 射线检测中的重要参数，决定了射线穿透工件后传感器接收到射线的量，也就是决定了检测的灵敏度。表 5-3 展示了 10、110、220kV 电缆本体，110kV 充油瓷套式电缆终端金属屏蔽处理不良和 110kV 充油瓷套式电缆终端存在金属颗粒典型缺陷在不同透照电压下的成像效果及最优的透照电压参数选择建议。

表 5-3　透照电压参数选择建议

拍摄对象	透照电压（kV）	关键图谱	结论及建议
10kV 电缆本体	70		结论：管电压为 60～90kV 时，电缆内部绝缘层、钢铠、铜屏蔽以及导体影像均较清晰；管电压高于 70kV 时，外护套影像则比较模糊，即管电压稍显高

续表

<table>
<tr><th>拍摄对象</th><th>透照电压（kV）</th><th>关键图谱</th><th>结论及建议</th></tr>
<tr><td>10kV
电缆本体</td><td>80</td><td></td><td>建议：对于直径较小的如 10kV 电压等级电缆，推荐电压范围为 60～70kV</td></tr>
<tr><td rowspan="3">110kV
电缆本体</td><td>80</td><td></td><td rowspan="3">结论：管电压高于 90kV 时，外护套会出现从外到内影像逐渐丢失的现象，说明对于外护套而言，管电压稍显高。
建议：对于 110kV 电压等级电缆或直径较为接近的电缆，推荐电压范围为 60～90kV，以 70～80kV 为宜</td></tr>
<tr><td>90</td><td></td></tr>
<tr><td>100</td><td></td></tr>
<tr><td>220kV
电缆本体</td><td>110</td><td></td><td>结论：管电压为 60～150kV 时，电缆内部绝缘层、铠装以及导体影像均较清晰，边界清楚；管电压高于 130kV 时，外护套外边缘明显发白，说明对于外护套而言，管电压稍显高</td></tr>
</table>

续表

拍摄对象	透照电压（kV）	关键图谱	结论及建议
220kV 电缆本体	130		建议：对于 220kV 电压等级电缆或直径较为接近的电缆，推荐电压范围为 60～110kV，以 70～100kV 为宜
	150		
110kV 充油瓷套式电缆终端金属屏蔽处理不良	70		使用便携式探伤机在 100～110kV 间（焦距为600mm时），可以看到缺陷，以 105kV 最佳
	80		
	100		

续表

拍摄对象	透照电压（kV）	关键图谱	结论及建议
110kV 充油瓷套式电缆终端金属屏蔽处理不良	110	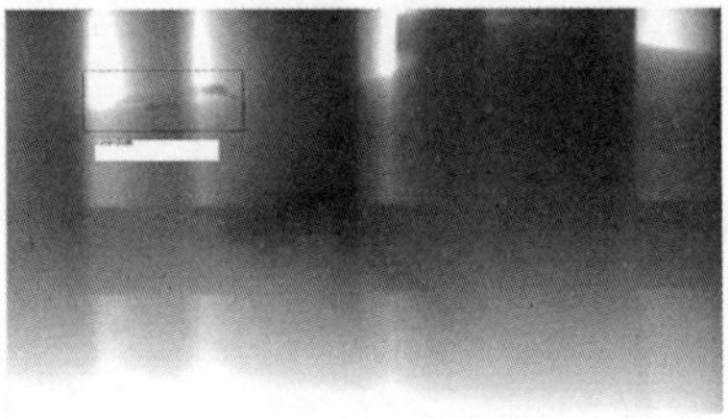	使用便携式探伤机在 100～110kV 间（焦距为600mm时），可以看到缺陷，以105kV 最佳
	130	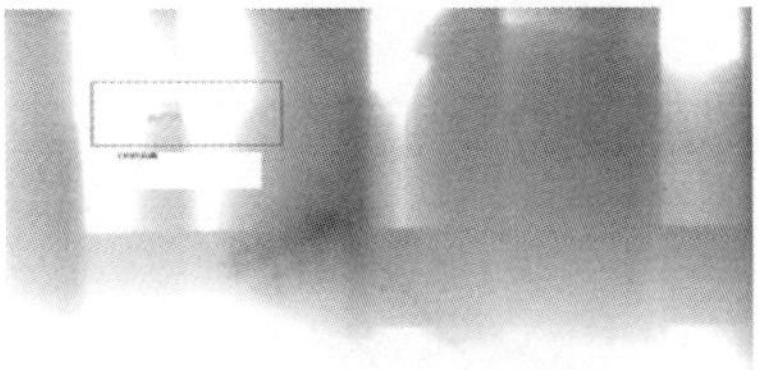	
110kV 充油瓷套式电缆终端存在金属颗粒	110		看不到缺陷
	120		可以看到缺陷，但效果一般
	130		看不到缺陷

3. 焦距的选择

随着焦距 f 的增加，虽然几何不清晰度 U_g 下降，但由于辐射场扩散面积增大，到达图像增强器输入屏的射线强度以平方反比定律下降，大大降低了图像亮度，对灵敏度产生的影响超过了几何不清晰度 U_g 的下降，促使图像灵敏度降低。但焦距过短，将造成图像放大倍数增大，图像分辨力有所下降，所以焦距选择必须合适。表5-4展示了110kV电缆本体、110kV充油瓷套式电缆终端金属屏蔽处理不良和110kV充油瓷套式电缆终端存在金属颗粒缺陷在不同焦距下的成像效果及最有焦距建议。

表5-4　　焦距选择参数试验结论

拍摄对象	拍摄焦距（mm）	关键图谱	结论及建议
110kV 电缆本体	200	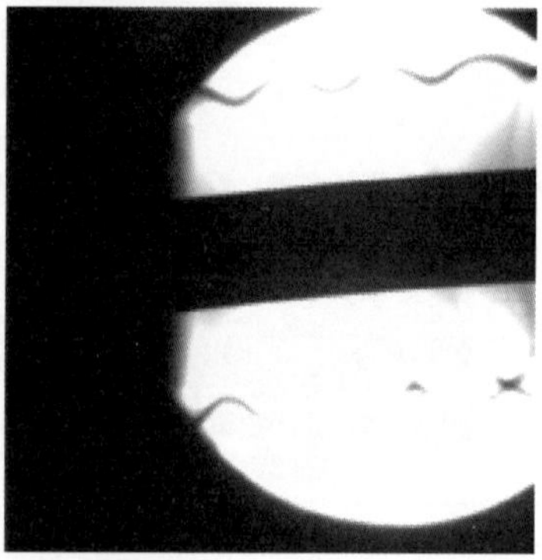	结论：焦距在300mm以下时，成像范围明显变小，甚至成像板上呈现X射线机窗口形状；而随着焦距的增加，影像变黑，但清晰度和分辨力差别不大。 建议：考虑到检测现场的条件，电缆典型集中性缺陷检测时，焦距最小要求300mm，并根据现场条件进行选择即可
	300		

续表

拍摄对象	拍摄焦距（mm）	关键图谱	结论及建议
110kV电缆本体	500		结论：焦距在300mm以下时，成像范围明显变小，甚至成像板上呈现X射线机窗口形状；而随着焦距的增加，影像变黑，但清晰度和分辨力差别不大。 建议：考虑到检测现场的条件，电缆典型集中性缺陷检测时，焦距最小要求300mm，并根据现场条件进行选择即可
110kV充油瓷套式电缆终端金属屏蔽处理不良	600（105kV）	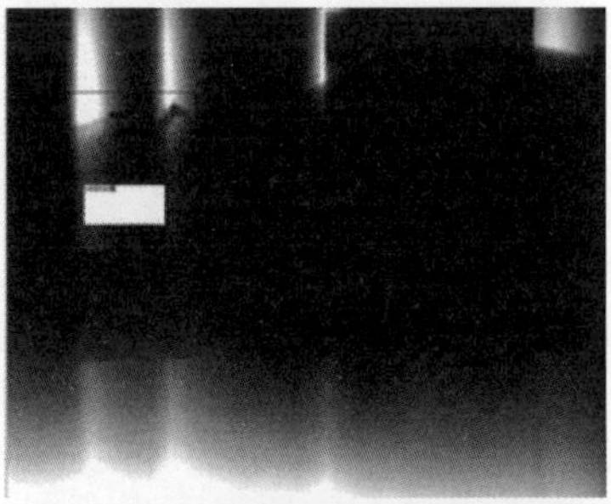	焦距方面应选取600mm左右，且尽量将平板接收器靠近检测部位且调节好角度，这样的测量效果最佳
	700（105kV）	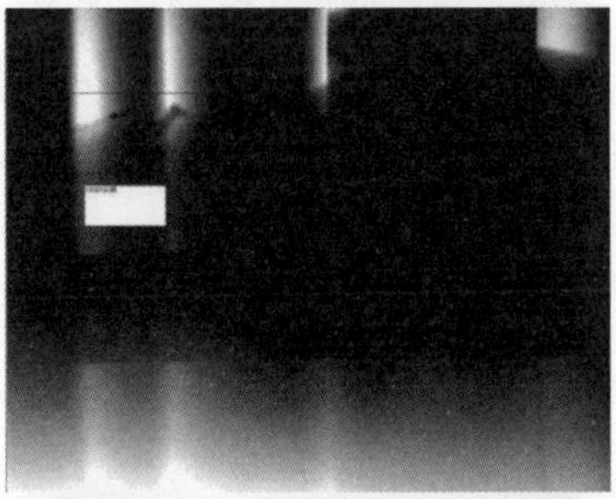	
110kV充油瓷套式电缆终端存在金属颗粒	550（110kV）		可看到缺陷，但并不明显

续表

拍摄对象	拍摄焦距（mm）	关键图谱	结论及建议
110kV充油瓷套式电缆终端存在金属颗粒	650（110kV）		可看到缺陷，但并不明显
	750（90kV）		可看到缺陷

测量时焦距应根据缺陷大小、位置，结合成像范围、放大倍率、成像清晰度与焦距的规律进行多次测量对比后，进行综合优化选择（焦距小，则成像范围小，虽然由于几何不清晰度的影响造成灵敏度有一定提升，但由于放大倍率大，图像分辨力反而下降，反之也是如此）。

4. 成像板和电缆间距离

成像板和电缆间距离主要影响电缆在成像板上的投影放大率和几何不清晰度。表5-5展示了不同布置距离条件下电缆样品插入螺钉后的检出效果。

5. 射线源放置位置

由射线照相的原理可以看出，电力电缆射线检测相当于电缆各层（或缺陷）在成像板上的投影。因此，射线机射线窗口和电线电缆轴线相对位置十分关键。射线源放置位置参数选择试验结论见表5-6。

表 5-5 成像板和电缆间距离参数选择试验结论

电压等级（kV）	电缆型号	关键图谱	结论建议
110	YJLW03-64/110-1×630	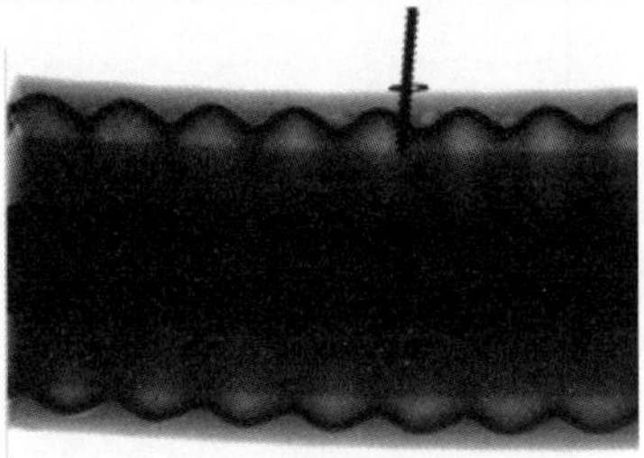 55mm 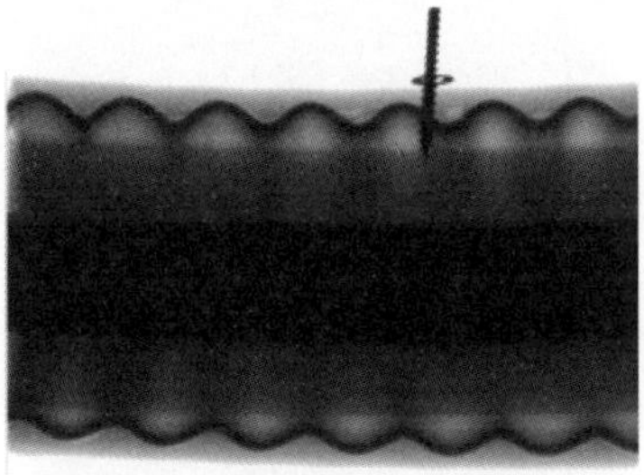 100mm 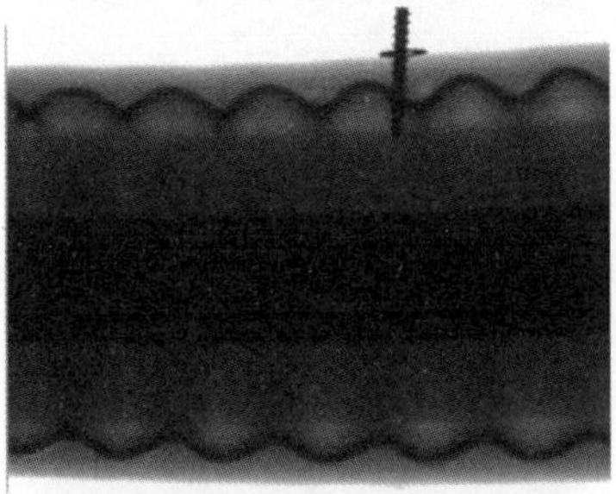 170mm 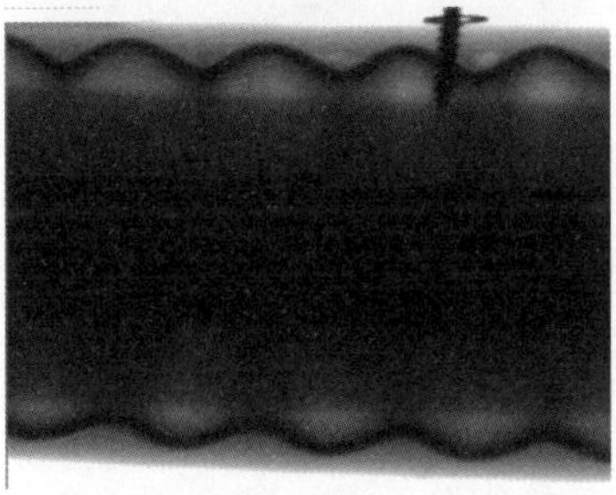 300mm	结论：随着电缆中心距离成像板距离的增大，同样透照条件下（管电压、管电流、焦距等相同），图像放大率逐渐增加，清晰程度降低。 建议：在制订透照工艺时，应尽量使成像板贴近电缆

表5-6　　射线源放置位置参数选择试验结论

位置	示意图	结论
射线源在电缆外侧		缺陷在成像板所成图像上的相对深度会浅于实际深度
射线源在电缆导体轴线上		相对深度依然会浅于实际深度，但失真度变小
射线源在电缆导体轴线与电缆外径间（缺陷一侧）		失真度进一步变小，在某个位置测试值与实际深度一致
射线源在电缆外侧（缺陷一侧）		缺陷在成像板所成图像上的相对深度会深于实际深度，且随着距离的拉大，偏差越大

6. 主射线束和外力破坏深度方向所成角度

由于外力破坏等电缆本体缺陷的深度十分重要，因此，射线图像中显示的缺陷所在相对深度的准确性十分重要。和主射线束呈不同角度相同深度缺陷成像如图5-3所示。

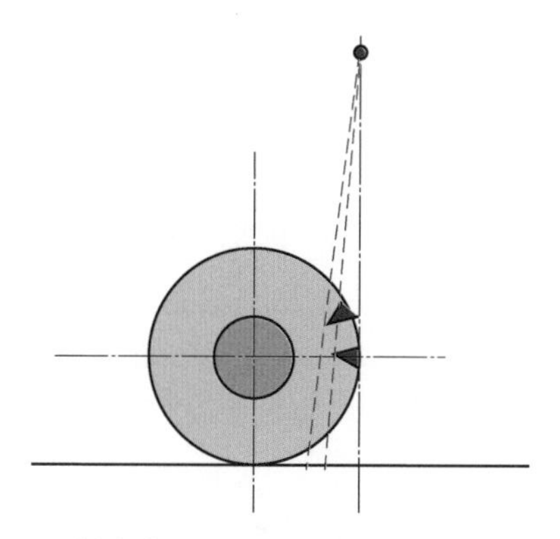

图 5-3　和主射线束呈不同角度相同深度缺陷成像示意图

当主射线束和缺陷深度方向呈 90° 时，成像板上所成图像中缺陷相对深度位置与实际一致；当主射线束和缺陷深度方向所成角度小于 90° 时，缺陷相对深度明显变深，可能造成误判。射线束与同一缺陷呈不同角度时的 X 射线图像如图 5-4 所示。

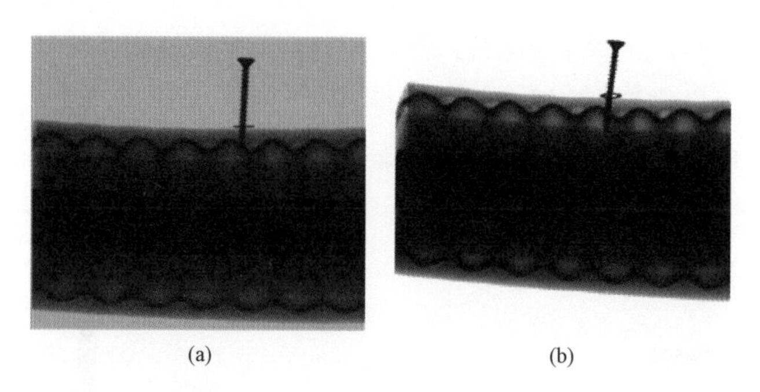

(a)　　　　(b)

图 5-4　射线束与同一缺陷呈不同角度时的 X 射线图像

（a）射线束与钉子呈 90°；（b）射线束与钉子角度小于 90°

因此，实际检测过程中，当知道缺陷深度方向时，应确保主射线束和缺陷深度方向尽量呈 90°。当不知道缺陷哪个方向最深时，应在缺陷附近位置不断变换角度重复拍摄，确保不造成误判。

二、电缆结构形变及外力破坏 X 射线检测工艺

1. 透照电压

实施电力电缆外力破坏 X 射线检测时，可大致根据表 5-7 选择合适透照的电压。

表 5-7　电缆电压等级及相应的推荐透照电压范围　（kV）

电缆电压等级	推荐透照电压范围
10	60～70
35	60～70
110	70～80
220	70～100

注　表中透照电压仅为推荐值，不同射线机射线发射效率有所区别，实际检测时需根据实际情况进行调整。

2. 焦距（射线机中心距成像板的距离）

电力电缆外力破坏检测焦距最小不宜小于 300mm，在保证射线的穿透能力和现场条件基础上，可尽量增大焦距，相应地提高透照电压。检测焦距一般以 500～1200mm 为宜。

3. 透照布置方式

射线机窗口即为射线机射线出射位置。为达到较好的检测结果，应保证射线束中心、电缆缺陷位置（缺陷外缘至内层外界面）连线和成像板垂直；之后分别顺时针、逆时针进行小角度微调，进行多次对比，从而得到最佳图像区间。另外，应尽量让成像板贴近电缆，如确实难以贴近，则必须使射线机和电缆之间的距离远大于电缆和成像板之间的间距。射线机、成像板及电缆的相对位置关系如图 5-5 所示。

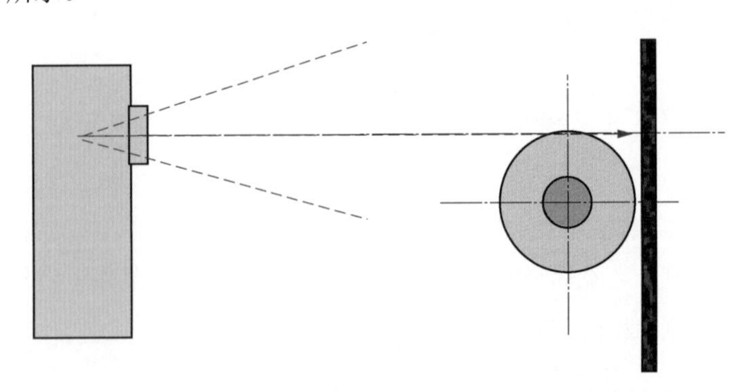

图 5-5　射线机、成像板及电缆的相对位置关系示意图

4. X 射线检测成像诊断

（1）10kV 电力电缆主绝缘异物穿刺破坏缺陷检测。10kV 电力电缆主绝缘异物穿刺实物及 X 射线照片分别如图 5-6 和图 5-7 所示，10kV 电力电缆主绝缘

异物穿刺缺陷推荐检测工艺及判断标准见表 5-8。

图 5-6　10kV 电力电缆主绝缘异物穿刺实物图

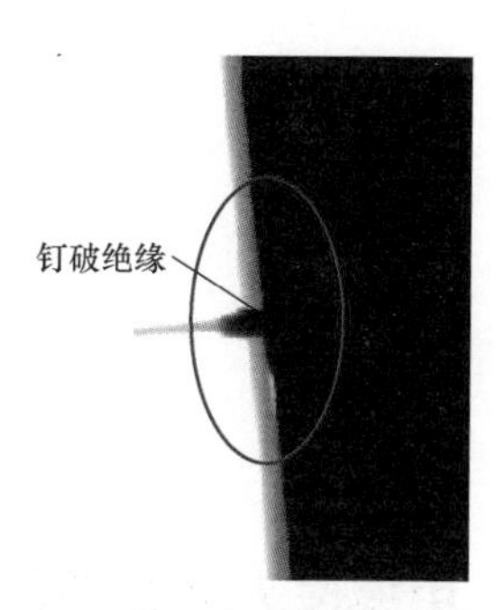

图 5-7　10kV 电力电缆主绝缘异物穿刺 X 射线照片

表 5-8　10kV 电力电缆主绝缘异物穿刺缺陷推荐检测工艺及判断标准

推荐测试电压	60～70kV
推荐测试电流	5mA
测试设备与被测设备位置推荐	为达到较好的检测结果，应保证射线束中心、电缆缺陷位置外缘连线和成像板垂直；同时，保证射线束与缺陷深度方向垂直。另外，应尽量让成像板贴近电缆
判断标准	注意观察钉子是损伤到主绝缘还是只伤到护套，根据实际情况，安排相应的修复方式

（2）10kV 电力电缆轻度机械形变缺陷检测。轻度外力破坏实物及 X 射线照片分别如图 5-8 和图 5-9 所示，10kV 电力电缆轻度机械形变推荐检测工艺见表 5-9。

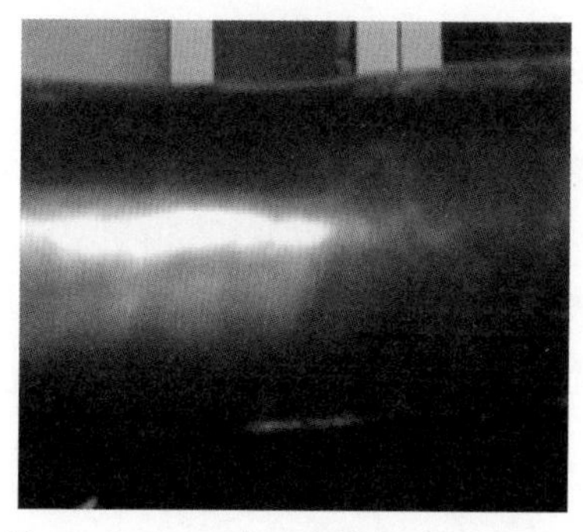

图 5-8　10kV 电力电缆轻度外力破坏实物图

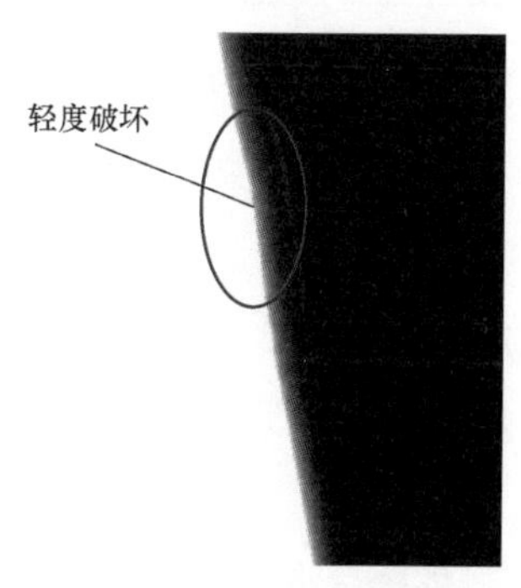

图 5-9　10kV 电力电缆轻度外力破坏 X 射线照片

表5-9　10kV电力电缆轻度机械形变推荐检测工艺

推荐测试电压	60～70kV
推荐测试电流	5mA
测试设备与被测设备位置推荐	为达到较好的检测结果，应保证射线束中心、电缆缺陷位置外缘连线和成像板垂直；同时，保证射线束与缺陷深度方向垂直。另外，应尽量让成像板贴近电缆
判断标准	注意观察有无损伤到主绝缘，若有，则应不定期进行复测，并结合局部放电、外红测温等其他检测手段共同判断，根据测试情况制订相应的修复方案

三、电缆接头典型缺陷X射线检测工艺

1. 透照电压

电缆接头缺陷类型及相应的推荐透照电压范围见表5-10。

表5-10　电缆接头缺陷类型及相应的推荐透照电压范围　（kV）

序号	缺陷类型	中低压接头	高压接头
1	主绝缘金属粉末	60～70	—
2	应力锥位移	60～70	—
	应力锥内部缺陷		—
3	半导电剥切不良	60～70	—
4	接头压接不良	60～70	60～70
5	铜屏蔽处理不良	60～70	—
6	接头与电缆本体不配套	60～70	—

2. 焦距（射线机中心距成像板的距离）

电力电缆附件检测焦距最小不宜小于300mm，在保证射线的穿透能力和现场条件基础上，适当增大焦距，相应地提高透照电压，可增加放大倍率，但清晰度会有所下降；当找到缺陷缩小范围后，可根据测试范围、放大倍率、清晰度与焦距的规律来选择适当的焦距进行多次测量，从而提高成像质量，一般以500～750mm为宜。

3. 射线机、成像板及电缆的相对位置

射线机窗口即为射线机射线出射位置。为达到较好的检测结果，不同的缺陷适应不同的最佳相对位置，可通过多角度多次测量进行对比分析。不同缺陷

类型对应不同的最佳相对位置见表 5-11。

表 5-11　　不同缺陷类型对应不同的最佳相对位置

序号	缺陷类型	中低压接头	高压接头
1	主绝缘金属粉末	多角度测量，射线源中心最好对准缺陷侧电缆外缘位置	—
2	应力锥位移	呈 90° 测量	—
3	半导电剥切不良	呈 90° 测量	—
4	接头压接不良	多角度测量，射线源中心最好对准缺陷侧电缆外缘位置	多角度测量，射线源中心最好对准缺陷侧电缆外缘位置
5	铜屏蔽处理不良	多角度测量，射线源中心最好对准缺陷侧电缆外缘位置	—
6	接头与电缆本体不配套	多角度测量，射线源中心最好对准缺陷侧电缆外缘位置	—

测量时，尽量让成像板贴近电缆，如确实难以贴近，则必须使得射线机和电缆之间的距离远大于电缆和成像板之间的间距。

4. X 射线检测成像诊断

（1）中压电缆接头压接不良缺陷检测。电缆接头压接不良实物及 X 射线照片分别如图 5-10 和图 5-11 所示，电缆接头压接不良缺陷推荐检测工艺及判断标准见表 5-12。

图 5-10　电缆接头压接不良实物图

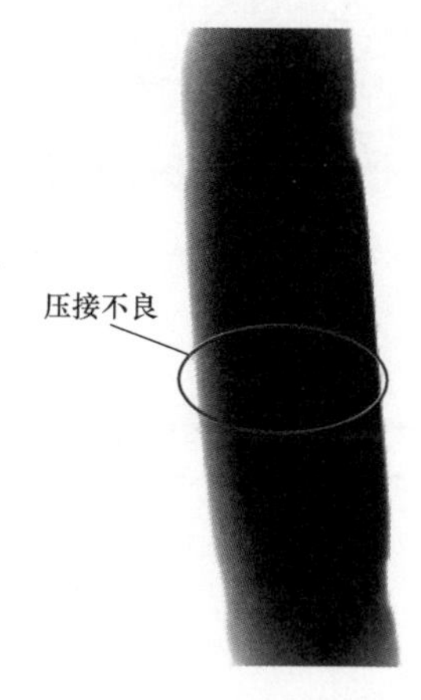

图 5-11　电缆接头压接不良 X 射线照片

表5-12　　电缆接头压接不良缺陷推荐检测工艺及判断标准

推荐测试电压	60～70kV
推荐测试电流	5mA
测试设备与被测设备位置推荐	为达到较好的检测结果，应保证射线束中心、电缆缺陷位置外缘连线和成像板垂直；同时，保证射线束与压接深度方向垂直。另外，应尽量让成像板贴近电缆
判断标准	（1）注意观察压接处有无异常变形，若有，则作为主要怀疑点。 （2）不定期进行复测，并结合局部放电、外红测温等其他检测手段共同判断

（2）中压电缆接头与电缆本体不配套缺陷检测。接头与电缆本体不配套实物及X射线照片分别如图5-12和图5-13所示，接头与电缆本体不配套缺陷推荐检测工艺及判断标准见表5-13。

图5-12　接头与电缆本体不配套实物图

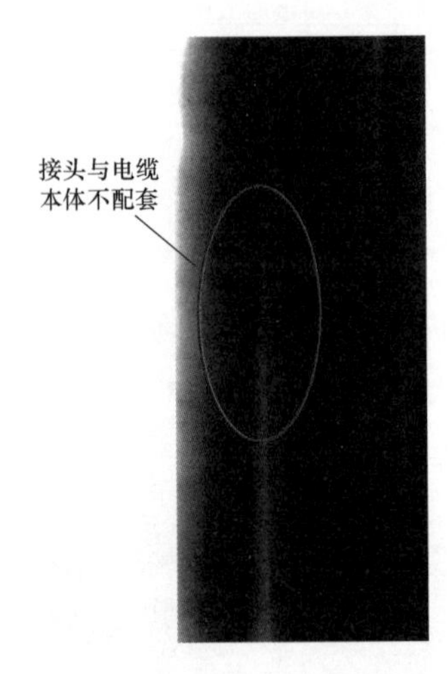

图5-13　接头与电缆本体不配套X射线照片

表5-13　　接头与电缆本体不配套缺陷推荐检测工艺及判断标准

推荐测试电压	60～70kV
推荐测试电流	5mA
测试设备与被测设备位置推荐	为达到较好的检测结果，应保证射线束中心、电缆缺陷位置外缘连线和成像板垂直；同时，保证射线束与缺陷电缆本体与电缆应力锥紧密度方向垂直。另外，应尽量让成像板贴近电缆

续表

判断标准	（1）注意观察应力锥内表面和电缆本体外表面是否存在空隙，若有，则作为主要怀疑点。 （2）不定期进行复测，并结合局部放电、外红测温等其他检测手段共同判断

（3）带有铜网或铜壳的电缆接头缺陷检测。对于高电压等级的中间接头，由于铜网或铜带相对较厚，高压电缆接头的铜壳厚度达 4mm。由于铜对 X 射线的衰减系数远远大于交联聚乙烯等高分子材料的衰减系数，因此在不去除铜网或铜皮的前提下，一般透照电压无法穿透。若穿透该层，则内部其他除铜芯材料及压模处外，基本都已穿透，因此难以区分中间接头中各层级结构，难以实现对高电压等级电缆中间接头内部绝缘、应力锥等低衰减系数材料缺陷的检测，仅能对铜网及电缆结构压模情况有所反映。20kV 及 10kV 中间接头内部压模情况分别如图 5-14 和图 5-15 所示，220kV 中间接头铜壳或铜皮遮挡内部结构图像如图 5-16 所示。

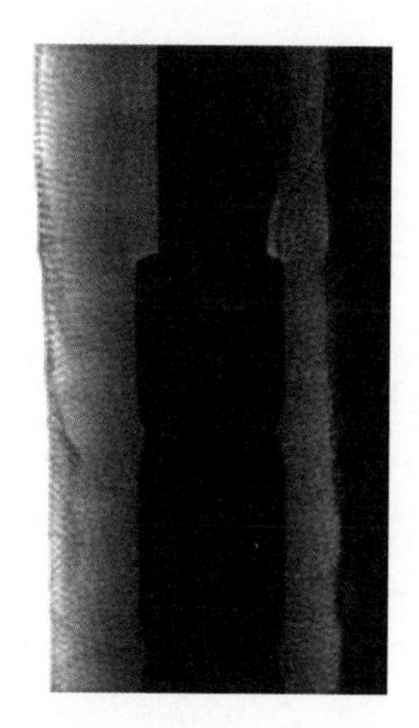

图 5-14　20kV 中间接头内部压模情况

图 5-15　10kV 中间接头内部压模情况

四、电缆终端典型缺陷 X 射线检测工艺

1. 透照电压

电缆终端缺陷类型及相应的推荐透照电压范围见表 5-14。

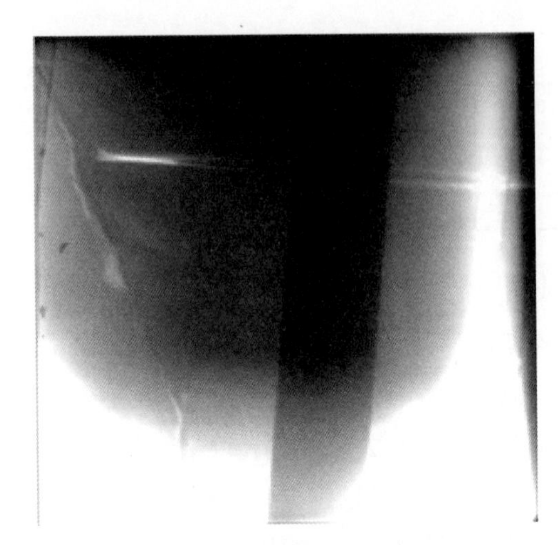

图5-16　220kV中间接头铜壳或铜皮遮挡内部结构图像

表5-14　　电缆终端缺陷类型及相应的推荐透照电压范围　　（kV）

<table>
<tr><th>序号</th><th>缺陷类型</th><th>中低压终端</th><th>高压终端</th></tr>
<tr><td>1</td><td>主绝缘金属粉末</td><td>60～70</td><td>110kV推荐值为100～110kV，220kV推荐值为100～115kV</td></tr>
<tr><td rowspan="2">2</td><td>应力锥位移</td><td rowspan="2">60～70</td><td>—</td></tr>
<tr><td>应力锥内部缺陷</td><td>110kV推荐值为120～130kV，220kV推荐值为125～140kV</td></tr>
<tr><td>3</td><td>半导电剥切不良</td><td>60～70</td><td>—</td></tr>
<tr><td>4</td><td>接头压接不良</td><td>60～70</td><td>110kV推荐值为100～110kV，220kV推荐值为100～115kV</td></tr>
<tr><td>5</td><td>铜屏蔽处理不良</td><td>60～70</td><td>110kV推荐值为100～110kV，220kV推荐值为100～115kV</td></tr>
<tr><td>6</td><td>接头与电缆本体不配套</td><td>60～70</td><td>—</td></tr>
</table>

2. 焦距（射线机中心距成像板的距离）

电力电缆附件检测焦距最小不宜小于300mm，在保证射线的穿透能力和现场条件基础上，适当增大焦距，相应地提高透照电压，可增加放大倍率，但清晰度会有所下降；当找到缺陷缩小范围后，可根据测试范围、放大倍率、清晰度与焦距的规律来选择适当的焦距进行多次测量，从而提高成像质量，一般以500～750mm为宜。

3. 射线机、成像板及电缆的相对位置

射线机窗口即为射线机射线出射位置。为达到较好的检测结果，不同的缺陷适应不同的最佳相对位置，可通过多角度多次测量进行对比分析。不同缺陷类型对应不同的最佳相对位置见表 5-15。

表 5-15　不同缺陷类型对应不同的最佳相对位置

序号	缺陷类型	中低压终端	高压终端
1	主绝缘金属粉末	多角度测量，射线源中心最好对准缺陷侧电缆外缘位置	多角度测量，射线源中心最好对准缺陷侧电缆外缘位置
2	应力锥位移	呈 90° 测量	—
3	半导电剥切不良	呈 90° 测量	—
4	接头压接不良	多角度测量，射线源中心最好对准缺陷侧电缆外缘位置	多角度测量，射线源中心最好对准缺陷侧电缆外缘位置
5	铜屏蔽处理不良	多角度测量，射线源中心最好对准缺陷侧电缆外缘位置	多角度测量，射线源中心最好对准缺陷侧电缆外缘位置
6	接头与电缆本体不配套	多角度测量，射线源中心最好对准缺陷侧电缆外缘位置	—

测量时，尽量让成像板贴近电缆。如确实难以贴近，则必须使得射线机和电缆之间的距离远大于电缆和成像板之间的间距。

4. X 射线检测成像诊断

（1）中压电缆终端内部金属粉末杂质缺陷检测。主绝缘有金属粉末实物及 X 射线照片分别如图 5-17 和图 5-18 所示，终端内部金属粉末杂质缺陷推荐检测工艺及判断标准见表 5-16。

图 5-17　主绝缘有金属粉末实物图

图 5-18　主绝缘有金属粉末 X 射线照片

表 5-16　终端内部金属粉末杂质缺陷推荐检测工艺及判断标准

推荐穿照电压	60～70kV
推荐测试电流	5mA
测试设备与被测设备位置推荐	为达到较好的检测结果，应保证射线束中心、电缆缺陷位置外缘连线和成像板垂直。另外，应尽量让成像板贴近电缆
判断标准	（1）注意观察是否有异常的黑点，若有，则作为主要怀疑点。 （2）不定期进行复测，并结合局部放电、外红测温等其他检测手段共同判断

（2）中压电缆终端应力锥位移缺陷检测。应力锥位移实物及X射线照片分别如图5-19和图5-20所示，终端应力锥位移缺陷推荐检测工艺及判断标准见表5-17。

图 5-19　应力锥位移实物图

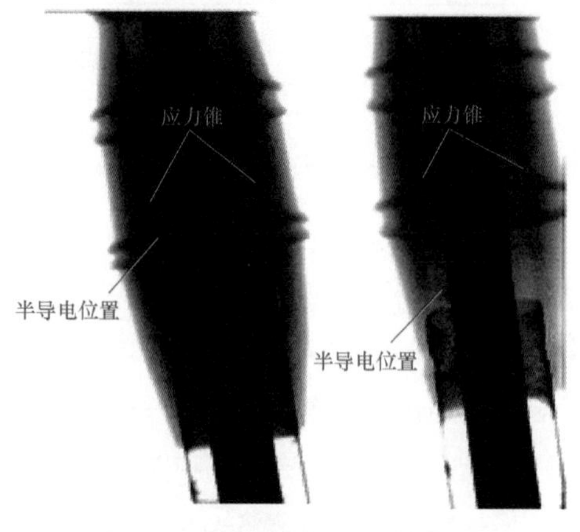

图 5-20　应力锥位移X射线照片

表 5-17　终端应力锥位移缺陷推荐检测工艺及判断标准

推荐穿照电压	60～70kV
推荐测试电流	5mA
测试设备与被测设备位置推荐	为达到较好的检测结果，应保证射线束中心、电缆缺陷位置外缘连线和成像板呈90°测量；为了保证测量准确性，应多角度多次测量，并通过成像软件的对比度、黑度进行调节，取得较好的成像效果。另外，应尽量让成像板贴近电缆
判断标准	（1）注意观察应力锥和半导电位置的椭圆线条是否变形，若变形，则作为主要怀疑点。 （2）不定期进行复测，并结合局部放电、外红测温等其他检测手段共同判断

（3）中压电缆终端半导电剥切不良缺陷检测。电缆终端半导电剥切不良实物及 X 射线照片分别如图 5-21 和图 5-22 所示，终端半导电剥切不良缺陷推荐检测工艺及判断标准见表 5-18。

图 5-21　电缆终端半导电剥切不良实物图

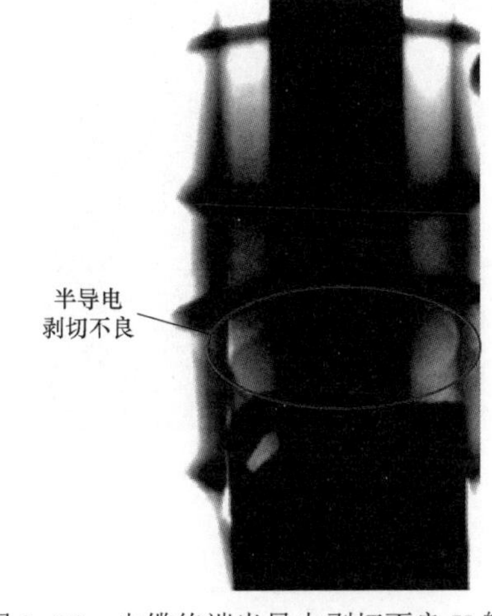

图 5-22　电缆终端半导电剥切不良 X 射线照片

表 5-18　　终端半导电剥切不良缺陷推荐检测工艺及判断标准

推荐测试电压	60～70kV
推荐测试电流	5mA
测试设备与被测设备位置推荐	为达到较好的检测结果，应保证射线束中心、电缆缺陷位置外缘连线和成像板呈 90° 测量；为了保证测量准确性，应多角度多次测量，并通过成像软件的对比度、黑度进行调节，取得较好的成像效果。另外，应尽量让成像板贴近电缆
判断标准	（1）注意观察电缆半导电剥切位置的椭圆线条是否变形，若变形，则作为主要怀疑点。 （2）不定期进行复测，并结合局部放电、外红测温等其他检测手段共同判断

（4）中压电缆终端铜屏蔽处理不良。铜屏蔽处理不良实物及 X 射线照片分别如图 5-23 和图 5-24 所示，终端铜屏蔽处理不良缺陷推荐检测工艺及判断标准见表 5-19。

（5）高压充油式瓷套式电缆终端应力锥内部缺陷检测。110kV 充油瓷套式电缆终端实物及 X 射线照片分别如图 5-25 和图 5-26 所示，高压充油式瓷套式电缆终端应力锥内部缺陷推荐检测工艺及判断标准见表5-20。

图5-23 铜屏蔽处理不良实物图

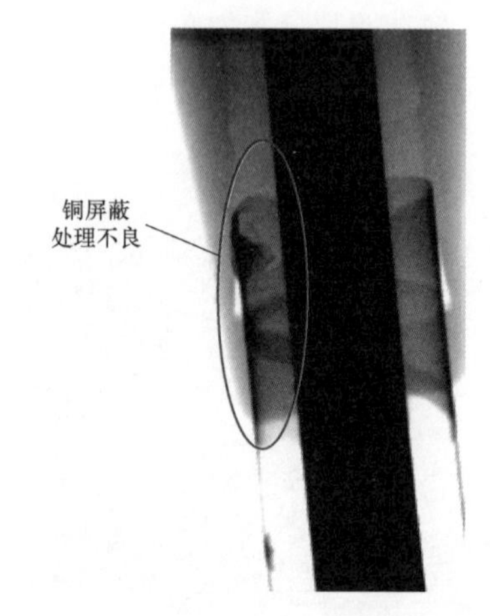

图5-24 铜屏蔽处理不良X射线照片

表5-19 终端铜屏蔽处理不良缺陷推荐检测工艺及判断标准

推荐测试电压	60～70kV
推荐测试电流	5mA
测试设备与被测设备位置推荐	为达到较好的检测结果，应保证射线束中心、电缆缺陷位置外缘连线和成像板垂直。另外，应尽量让成像板贴近电缆
判断标准	（1）注意观察电缆铜屏蔽是否异常，若异常，则作为主要怀疑点。 （2）不定期进行复测，并结合局部放电、外红测温等其他检测手段共同判断

图5-25 110kV充油瓷套式电缆终端实物图

图5-26 110kV充油瓷套式电缆终端X射线照片

表 5-20　高压充油式瓷套式电缆终端应力锥内部缺陷推荐检测工艺及判断标准

推荐测试电压	110～130kV
推荐测试电流	5mA
测试设备与被测设备位置推荐	为达到较好的检测结果，应保证射线束中心、电缆缺陷位置外缘连线和成像板垂直；应多次测量，通过软件黑度、对比度进行调节。另外，应尽量让成像板贴近电缆
判断标准	（1）注意观察应力锥是否有异常黑纹，若有，则作为主要怀疑点。 （2）不定期进行复测，并结合局部放电、外红测温等其他检测手段共同判断

（6）高压充油式瓷套式电缆终端内含金属颗粒缺陷检测。高压充油式瓷套式电缆终端内含金属颗粒 X 射线照片如图 5-27 所示，缺陷推荐检测工艺及判断标准见表 5-21。

图 5-27　高压充油式瓷套式电缆终端内含金属颗粒 X 射线照片

表 5-21　高压充油式瓷套式电缆终端内含金属颗粒缺陷推荐检测工艺及判断标准

推荐测试电压	100～110kV
推荐测试电流	5mA
测试设备与被测设备位置推荐	为达到较好的检测结果，应保证射线束中心、电缆缺陷位置外缘连线和成像板垂直；同时，保证射线束与缺陷深度方向垂直。另外，应尽量让成像板贴近电缆
判断标准	（1）注意观察有无异常黑点，若有，则作为主要怀疑点。 （2）不定期进行复测，并结合局部放电、外红测温等其他检测手段共同判断

（7）高压充油式瓷套式电缆终端金属屏蔽尖端缺陷。高压充油式瓷套式电

缆终端金属屏蔽 X 射线照片如图 5-28 所示，缺陷推荐检测工艺及判断标准见表 5-22。

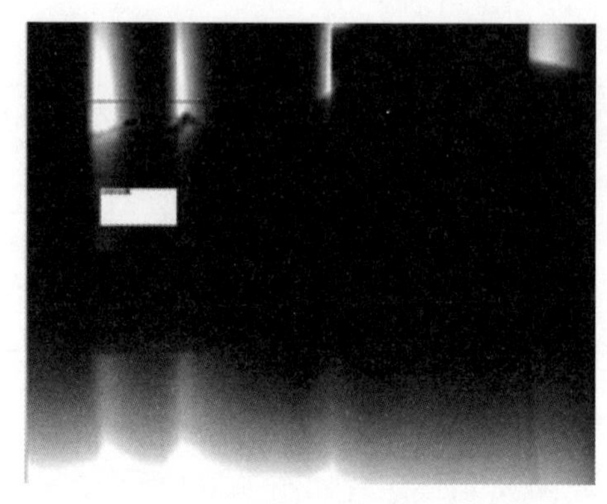

图 5-28 高压充油式瓷套式电缆终端金属屏蔽 X 射线照片

表 5-22 高压充油式瓷套式电缆终端金属屏蔽尖端缺陷推荐检测工艺及判断标准

推荐测试电压	100～110kV
推荐测试电流	5mA
测试设备与被测设备位置推荐	为达到较好的检测结果，应保证射线束中心、电缆缺陷位置外缘连线和成像板垂直；同时，保证射线束与缺陷深度方向垂直。另外，应尽量让成像板贴近电缆
判断标准	（1）注意观察金属屏蔽绑扎处是否有尖端等，若有，则作为主要怀疑点。 （2）不定期进行复测，并结合局部放电、外红测温等其他检测手段共同判断

第三节 X 射线成像检测与诊断流程

第一步：连接射线机、成像板和计算机以及电源。

第二步：按检测对象和被检缺陷类型布置射线机、电缆检测位置以及成像板，具体如图 5-29～图 5-31 所示。同时，保证成像板成像区域紧贴电缆，射线机距离成像板不小于 300mm，以 500～1200mm 为宜。如现场条件不能满足时，可适当调整，但应根据成像质量和几何关系进行综合判断。

第三步：设置透照电压，可参照表 5-23 进行初步设置，并根据成像效果进行调整。

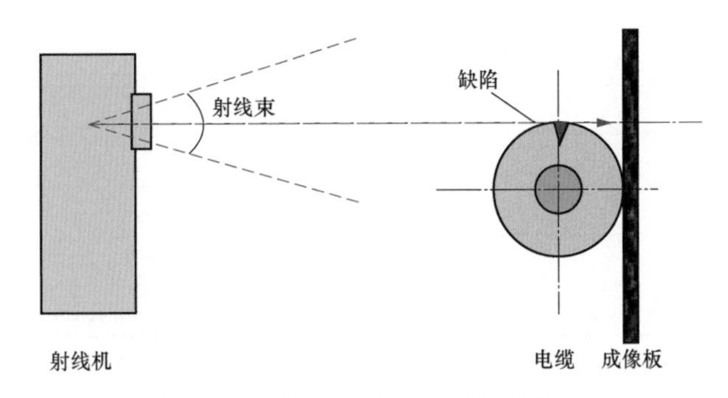

图 5-29　电缆本体缺陷检测布置示意图

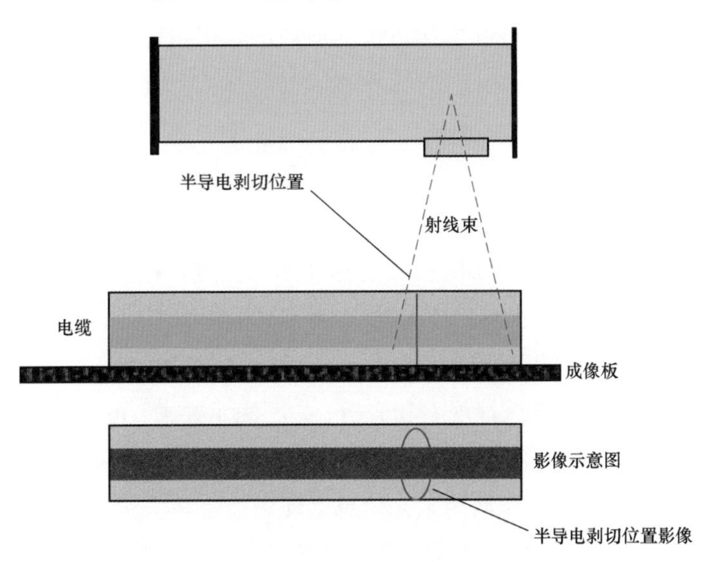

图 5-30　半导电剥切不良、应力锥移位检测布置示意图

注：图中射线机倾斜角度为示意，实际只需保证射线束中心偏离位置和半导电剥切位置有一定偏差即可。

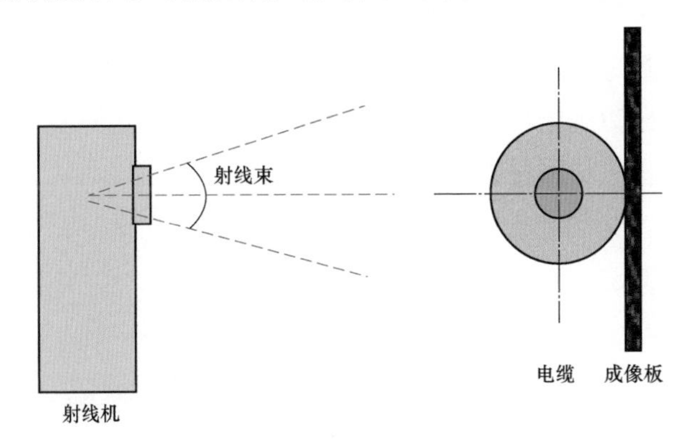

图 5-31　其他缺陷检测布置示意图

表 5-23　电缆本体及其附件缺陷检测透照电压推荐值　(kV)

电缆电压等级	推荐透照电压范围
10	60～70
35	60～70
110	本体缺陷 70～80；电缆附件缺陷 110～130
220	本体缺陷 70～100；电缆附件缺陷 100～140

注　表中透照电压仅为推荐值，不同射线机射线发射效率有所区别，实际检测时需根据实际情况进行调整。

第四步：打开成像软件和射线机控制器，进行初始化操作，备用。

第五步：确认控制区内无任何人员以及管理区内部无任何操作人员以外人员逗留和工作。

第六步：按射线机控制器上的高压施加按钮，射线机开始曝光，计算机上的成像软件开始接收图像。

第七步：调整软件所得实时影像的黑度和对比度，得到最佳效果后抓取图像进行保存。

第八步：停止射线机高压。

第九步：对所得图像进行观察和分析。如不满足要求，可调整工艺参数（透照电压、焦距、成像板位置等，可参考典型缺陷图谱库），返回第五步进行操作。

第十步：记录所得图像所用工艺信息、现场信息等资料。

第十一步：除电缆本体外力破坏类型缺陷检测外，一般还应在该次检测 90°方向在进行一次检测，确保前次检测中被导体影像遮挡部分得以检测。

第十二步：按射线机操作说明书关闭射线机和控制器。

第十三步：按成像板操作说明书关闭成像板电源和控制软件及计算机。

第十四步：结束现场检测作业，撤除控制区域。

第十五步：出具检测报告。

第六章　电力电缆及附件 X 射线检测安全防护

X 射线作为射线的一种，在给人们的生产、生活带来巨大便利的同时，一旦使用不当，可能会对人的身体产生一定的伤害，甚至带来生命危险。因此，在进行电力电缆及其附件 X 射线检测工作时，相关人员必须掌握 X 射线检测安全防护相关知识，做好安全防护工作，保护作业人员及相关人员的健康与安全。

第一节　X 射线防护相关的物理量

众所周知，人体所接受或吸收的射线的量越大，可能造成的损伤也越大。研究和应用射线对人体产生的辐射效应，离不开对射线与物质相互作用产生的电离辐射的计量，进而表征辐射的特征，描述辐射场的性质，度量射线与人体相互作用时的能量传递及人体内部的变化程度和规律。

一、照射量 P

当 X 射线或 γ 射线在空气中传播时，按第二章的射线与物质相互作用时的相关理论，会产生光电效应、康普顿效应和电子对效应，从而产生次级电子。次级电子具有一定的能量，与空气分子作用使其发生电离，形成正离子和负离子。射线能量越高、数量越大，使空气电离的本领也越强。为表征 X 射线或 γ 射线使空气产生电离的能力，引入了照射量的概念。

所谓照射量，是指 X 射线或 γ 射线的光子在单位质量的空气中释放出来的次级电子（负电子和正电子），当它们被空气完全阻止时，在空气中形成的带正电或负电离子的总电荷的绝对值，即：

$$P = \frac{Q_d}{m_d} \tag{6-1}$$

式中　Q_d——当光子产生的全部电子被空气完全阻止时，在空气中形成的带正电或负电离子的总电荷的绝对值，C；

m_d——与光子发生作用的空气的质量，kg。

照射量的国际单位为库伦/千克（C/kg）。另外，在工程中还常用伦琴（R）、毫伦（mR）、微伦（μR）作为照射量的单位，它们之间的相互关系为：

$$1\text{C/kg}=3.877\times10^{3}\text{R}$$

$$1\text{R}=10^{3}\text{mR}=10^{6}\mu\text{R}$$

二、比释动能 *K*

当X射线与物质发生作用时，首先将X射线的能量转移给次级电子，然后次级电子通过电离和激发的形式将能量转移给和射线发生作用的物质。比释动能就是用于描述前一个阶段的能量转移情况的物理量。

比释动能 K 的定义可用下式进行表示：

$$K=\frac{E_{\mathrm{dtr}}}{m_{\mathrm{d}}} \tag{6-2}$$

式中 E_{dtr}——不带电的电离粒子在质量为 m_{d} 的某一物质中释放出来的全部带电电离粒子的初始动能的总和，J；

m_{d}——和射线发生作用的物质的质量，kg。

比释动能的国际单位为焦耳/千克(J/kg)。另外，在工程中还常用戈瑞(Gy)、毫戈瑞（mGy）、微戈瑞（μGy）作为比释动能的单位，它们之间的相互关系为：

$$1\text{J/kg}=1\text{Gy}$$

$$1\text{Gy}=10^{3}\text{mGy}=10^{6}\mu\text{Gy}$$

三、吸收剂量 *D* 与吸收剂量率 $\dot{D}$

任何电离辐射（X射线也属于辐射）照射物质时，受照物质必然吸收一部分电离辐射的能量。吸收剂量就是用来表征各种物质吸收电离辐射能量的情况。

吸收剂量 D 的定义可用下式进行表示：

$$D=\frac{\overline{\varepsilon}_{\mathrm{d}}}{m_{\mathrm{d}}} \tag{6-3}$$

式中 $\overline{\varepsilon}_{\mathrm{d}}$——质量为 m_{d} 的某一物质吸收的来自电离辐射的平均能量，J；

m_{d}——和射线发生作用的物质的质量，kg。

吸收剂量的国际单位也为焦耳/千克，和比释动能的单位一致，也称戈瑞（Gy）。另外，在工程中有时也用拉德（rad）作为吸收剂量的单位，它们之间的关系如下：

$$1\text{Gy}=100\text{rad}$$

吸收剂量率则表示物质吸收辐射的速率，其定义为：

$$\dot{D}=\frac{D_d}{t_d} \tag{6-4}$$

式中　D_d——某一时间间隔 t_d 内物质吸收剂量的增量，Gy；

t_d——时间间隔，s。

应当注意的是，基本所有辐射测量设备测得的都是照射量，而不是吸收剂量。如果要计算某点物质的吸收剂量，只能先测量该点的照射量，再通过换算因子进行换算。

四、当量剂量 *H*

当人体遭受射线照射时，吸收剂量一定程度上能够反映人体所遭受的伤害的大小，但人体所受伤害的大小不仅与所吸收的射线的多少有关，还与射线种类、能量大小等因素息息相关。因此，需在吸收剂量的基础上，引入一个名为辐射权重因子的修正系数 W_R 对其进行修正，经过修正的吸收剂量称之为当量剂量。当人体某器官 T 遭受射线 R 的照射后，其当量剂量 H_{TR} 可用下式来表示：

$$H_{TR}=D_{TR}W_R \tag{6-5}$$

式中　W_R——辐射 R 的辐射权重因子；

D_{TR}——器官 T 遭受射线 R 照射后的吸收剂量。

当量剂量的国际单位也为焦耳/千克，和吸收单位一致，也称希沃特（Sv）。另外，还有厘希沃特（cSv）、毫希沃特（mSv）、微希沃特（μSv）等，它们之间的关系如下：

$$1\text{J/kg}=1\text{Sv}$$

$$1\text{Sv}=10^2\text{cSv}=10^3\text{mSv}=10^6\mu\text{Sv}$$

同样，当量剂量率（$\mathring{H}_T$）也可用下式进行表示：

$$\mathring{H}_T=\frac{H_{dT}}{t_d} \tag{6-6}$$

对于 X 射线和 γ 射线来说，无论射线能量多高，其辐射权重因子的修正系数永远等于 1，也就是说 X 射线的吸收剂量和当量剂量相等。

五、有效剂量 E

人体不同器官对遭受同样当量剂量的射线照射后，其损伤程度或出现损伤的概率是不同的；而且，在射线防护中，一般情况下主要是小剂量慢性照射，这种照射一般不容易对人体产生急性损伤，而是会造成人体器官在较长时期内可能产生病变，这种效应称之为随机性效应。为了考虑不同器官或组织接受射线照射后出现随机性效应的概率，引入组织权重因子 W_T 对组织 T 吸收的当量剂量进行修正。人体不同器官的组织权重因子见表 6-1。

表 6-1　　各组织或器官的组织权重因子

组织或器官	组织权重因子	组织或器官	组织权重因子
性腺	0.20	肝	0.05
（红）骨髓	0.12	食道	0.05
结肠	0.12	甲状腺	0.05
肺	0.12	皮肤	0.01
胃	0.12	肝表面	0.01
膀胱	0.05	骨表面	0.01
乳腺	0.05	其余组织器官	0.05

通常，人体在接收照射时，会涉及多个组织或器官，所以应该对不同的组织或器官的当量剂量进行修正，所以有效剂量是对所有组织或器官加权修正后的当量剂量之和，即：

$$E=\Sigma W_T H_T \tag{6-7}$$

式中　W_T——组织或器官 T 的组织权重因子；

H_T——组织或器官 T 的当量剂量。

根据当量剂量的定义，式（6-7）可以转换成以下公式：

$$E=\Sigma W_T \Sigma W_R D_{TR} \tag{6-8}$$

式中　W_R——辐射 R 的辐射权重因子；

D_{TR}——组织或器官 T 内的平均吸收剂量。

第二节　X 射线对人体的损伤

射线的发现和应用，也伴随着射线对人体的损伤，如在放射性领域著名的居里夫人，就是由于长期接触放射性物质而患恶性白血病去世的。为此，人类也很早开始了 X 射线等辐射对人体伤害的相关研究。

一、X 射线与人体的作用

人体和其他类型物质一样，当 X 射线等与其发生作用后，必然会吸收一部分 X 射线，这部分被吸收的射线进而和人体发生作用，其基本过程一般认为将经历四个阶段的变化，即：

（1）物理变化阶段。从 10^{-18}～10^{-12}s，此时电离粒子穿过原子，同原子的轨道电子相互作用，通过电离和激发发生能量沉积。

（2）物理——化学变化阶段。从 10^{-12}～10^{-9}s，从原子的激发和电离引起分子的激发和电离，分子变得很不稳定，极易发生反应形成自由基，离子与水分子作用，形成新产物。

（3）化学变化阶段。从 10^{-9}～1s，此时自由基扩散并与关键的生物分子相作用，可能破坏机体内某些大分子结构，如使蛋白分子链断裂、核糖核酸或脱氧核糖核酸断裂、破坏一些对物质代谢有重要意义的酶等，甚至可直接损伤细胞结构。

（4）生物变化阶段。从秒延续到年，分子损伤逐渐发展表现为细胞效应，如染色体畸变、细胞死亡、细胞突变等，最终可能造成机体死亡、远期癌变以及后代的遗传改变等。

人们将这种由于辐射作用于物体而造成生物体的细胞、组织、器官等的损伤，进而引起病理反应的现象称为辐射生物效应。X 射线对人体的损伤就是辐射生物效应的一种，整个作用过程如图 6-1 所示。

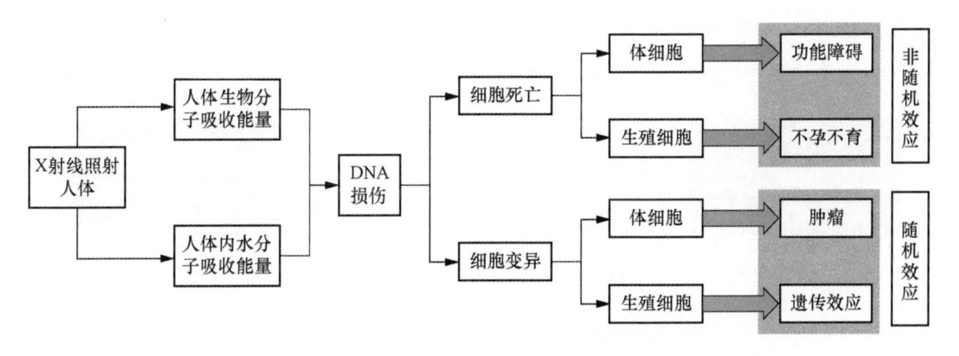

图 6-1　X 射线与人体的作用过程示意图

辐射生物效应可表现在受照者本身，也可以出现在受照者的后代。表现在受照者本身的称为躯体效应，出现在受照者后代时称为遗传效应。躯体效应按显现的时间早晚又分为近期效应和远期效应。从辐射防护的观点，全部辐射生物效应可以分为随机效应和非随机效应两类。

非随机效应是指辐射生物效应存在阈值的效应，这种生物效应只有当剂量超过一定的值之后才发生，效应的严重程度也与剂量的大小相关。如人体生殖腺体单次接收超过 3Gy 的剂量照射，就会出现永久不育。

随机效应是效应的发生率不存在剂量阈值的效应。对于正常的低剂量照射情况，常假定随机效应的发生率与剂量之间存在线性关系，即剂量越大、随机效应的发生率越大。对随机效应进行定量描述的重要概念是危险度和权重因子。危险度定义为单位剂量当量诱发受照器官或组织恶性疾患的死亡率，或出现严重遗传疾病的发生率。

二、辐射损伤

辐射损伤是一定量的电离辐射作用于机体后，受照机体所引起的病理反应。它可以来自人体之外的辐射照射，也可以产生于吸入体内的放射性物质的照射。对于 X 射线检测来说，对人体可能造成损伤主要是人体之外的辐射照射，也就是外照射。辐射损伤主要有急性损伤和慢性损伤两种。

1. 急性损伤

急性损伤是由于一次或短时间内受大剂量（如数戈瑞）照射所致，主要发生于事故性照射，如切尔诺贝利事故中大量的人员就遭受到了急性照射损伤。急性损伤表现变化过程如图 6-2 所示。

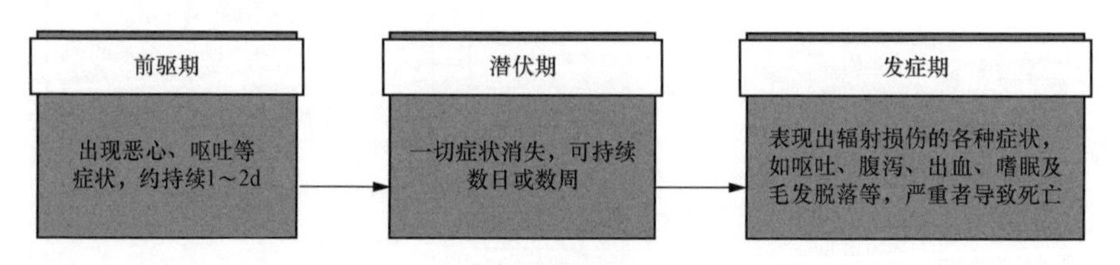

图 6-2　急性损伤表现变化过程

急性损伤主要是中枢神经系统损伤、造血系统损伤和消化系统损伤，也可以造成性腺损伤和皮肤损伤等。由于急性损伤将造成严重后果，所以必须防止短时间大剂量的照射。

2. 慢性损伤

慢性损伤是长时间受到超过容许水平的低剂量照射，在受照后数年甚至数十年后出现的辐射生物效应。对慢性损伤目前尚难以判定辐射与损伤之间的因果关系。目前一般认为慢性损伤主要有白血病、癌症（皮肤癌、甲状腺癌、乳腺癌、肺癌、骨癌等）、再生障碍性贫血和白内障等。

这种损伤在 X 射线职业人员中相对较为常见，主要是相关人员不注意射线的防护或防护不当造成的。

3. 慢性小剂量损伤

慢性小剂量照射，即长时期受到低于最大容许剂量的照射，如 X 射线职业从业人员的职业照射、医疗诊断等。对于这种照射的辐射生物效应，过去是从高剂量和高剂量率的效应外推进行评估的，近年来的资料表明，低剂量和低剂量率引起的辐射生物效应低于从高剂量和高剂量率外推得出的结果，但慢性小剂量照射产生的辐射损伤可能会诱发癌症。一种观点认为，机体对辐射损伤具有修复功能，当辐射损伤较轻时，机体的修复作用将使辐射损伤表现不出症状。关于人的慢性小剂量照射情况的直接经验很少，尚需相关研究人员进行进一步的研究。

三、X 射线对人体伤害的影响因素

X 射线对人体造成伤害是一个复杂的过程，它与许多因素有关，有 X 射线本身的，也有人体自身的因素。

1. X 射线的能量

不同能量的 X 射线在人体内所产生的电离程度不同，从而对人体造成的损伤也不同。如低能 X 射线造成皮肤红斑所需要的照射量小于高能 X 射线，这是因为低能 X 射线照射时，穿透能力弱，射线能量主要被皮肤所吸收；而高能 X 射线照射时，射线能量平均分配到从皮肤到内层的各个组织中，相同照射量情况下，皮肤所接受的剂量自然就少了。但需要注意的是，上述说法并不是说 X 射线能量越低，射线越“危险”，需要综合考虑。

2. 剂量

一般而言，吸收剂量越大，X 射线对人体的伤害也越大。以一次全身照射为例，大约 0.25Gy 以下的一次照射，观察不出明显的病理变化；吸收剂量为 0.50Gy 左右时，一般人可见一时性的迹象变化，再继续增大时，便出现身体机能或血象的病理变化；大约1Gy以上就能引起不同程度的急性放射病。一次全身照射的半致死剂量大约为5Gy；如剂量达10Gy以上，受照者在一两个月内100%死亡；50Gy以上的全身照射，受照者大约几分钟至几小时内致死。

3. 剂量率

人体对外来伤害具有一定的回复作用，因此，当人体受照总剂量相同的情况下，小剂量分散照射比一次大剂量率的急性照射所造成的损伤要小。

4. 照射方式

对于X射线检测这种外照射来说，单方向与多方向进行照射，或者一次照射与多次照射以及多次照射之间的时间间隔不同所产生的损伤也有所不同。

5. 照射部位

从前文有效剂量的计算中就可以发现，人体不同部位对射线的敏感程度有所差异。在相同剂量和剂量率照射条件下，人体不同部位辐射敏感性从高到低排序依次为腹部、盆腔、头部、胸部、四肢。因此，在进行射线作业时，应当注意重点部位的防护。

6. 照射面积

相同剂量情况下，受照面积越大，产生的损伤效应也就越大。以6Gy照射为例，当在几平方厘米的面积上照射时，仅引起皮肤暂时变红，不会出现全身症状，若受照面积达到全身的1/3以上时，就有致死的危险。因此，应尽量避免大剂量全身照射。当然，应该注意的是，如果是辐射敏感部位，即使很小的面积也可能造成极大的伤害。

第三节　X射线检测防护技术

保证作业人员和周边人群的安全是X射线检测作业的前提，因此，从事电力电缆及附件X射线作业的相关人员必须详细了解X射线检测防护技术。

一、X射线防护的目的和基本原则

对于X射线的防护，社会上往往有两种观点，一种是认为X射线对人的危害没那么夸张，只要不照的太多没关系的，另外一种是谈射线色变，盲目过度防护。这两种观点都是错误的。因此，必须明确X射线防护的目的和原则。

基于射线在自然界中是广泛存在的且射线对人体的危害存在随机性效应，

因此，一般认为X射线防护的目的一是防止发生有害的确定性效应，二是限制随机性效应的发生率，使之达到被认为可以接受的水平，尽量降低射线可能造成的危害。为了实现上述防护目的，在X射线防护中应遵循三项基本原则，即正当化原则、最优化原则和限值化原则。

（1）正当化原则：在任何包含电离辐射照射的实践中，应保证这种实践对人群和环境产生的危害小于给其带来的利益，即获得的利益必须超过付出的代价，否则不应进行这种实践。

（2）最优化原则：应避免一切不必要的照射，任何伴随电离辐射照射的实践，在符合正当化原则的前提下，应保持在可以合理达到的最低照射水平。

（3）限值化原则：在符合正当化原则和最优化原则的前提下所进行的实践中，应保证个人所接受的照射剂量当量不超过规定的相应限值。

X射线防护的三项基本原则是一个有机的统一整体，在实际工作中，应同时予以考虑，只有这样才能保证X射线防护正常和合理地进行。

二、剂量限制体系

按照辐射防护的目的和原则，《电离辐射防护与辐射源安全基本标准》（GB 18871—2002）规定的剂量限制如下。

1. 职业照射剂量限值

（1）对于任何工作人员的职业照射剂量限值。

1）由审管部门决定的连续5年的年平均有效剂量（但不可做任何追溯性平均）：20mSv。

2）任何一年中的有效剂量：50mSv。

3）眼晶体的年当量剂量：150mSv。

4）四肢（手和足）或皮肤的年当量剂量：500mSv。

（2）对于年龄为16～18岁接受涉及辐射照射就业培训的徒工和年龄为16～18岁在学习过程中需要使用反射源的学生，其职业照射应不超过以下限值。

1）年有效剂量：6mSv。

2）眼晶体的年当量剂量：50mSv。

3）四肢（手和足）或皮肤的年当量剂量：15mSv。

对于一些特殊情况，有时需要少数人员接受超过年剂量当量限值的照射，这种情况属于特殊照射。为了制止事故的扩大或进行抢救、抢修，有些工作人员需要接受超过正常剂量当量限值的照射，这种照射称为应急照射。对于特殊照射和应急照射，《电离辐射防护与辐射源安全基本标准》（GB 18871—2002）也做出了相应的规定，在此不再赘述。

2. 公众照射剂量限值

实践使公众中有关关键人群组的成员所受到的平均剂量估计值不应超过下述限值：

（1）年有效剂量为 1mSv；

（2）特殊情况下，如果 5 个连续年的年平均剂量不超过 1mSv，则某一单一年份的有效剂量可提高到 5mSv；

（3）眼晶体的年当量剂量为 15mSv；

（4）皮肤的年当量剂量为 50mSv。

从上面的数据可以看出，辐射防护标准关于剂量当量的限值规定主要包括：①对非随机效应规定了不同器官或组织的最大容许剂量当量限值；②对随机效应依据可以接受的水平，以危险度为基础规定全身均匀照射的年剂量当量限值和非均匀照射时各器官和组织容许的有效剂量当量限值。

显然，这种规定意味着上述照射剂量限值仅是一个“可以接受的水平”的限值，并不是保证不发生辐射损伤的限值。因此，在实践中应遵循最优化原则，尽量降低受到的辐射照射。

三、X 射线防护的基本方法

对于工业 X 射线检测的防护而言，只需要考虑外照射的防护。时间、距离、屏蔽是外照射防护的三个基本要素：时间是指控制射线对人体的曝光时间，距离是指控制射线源到人体间的距离，屏蔽是指在人体和射线源之间隔一层吸收射线的物质。

1. 时间

按照本书之前的理论，在照射率不变的情况下，工作人员照射时间越长，所接受的剂量越大，可用下式表示：

$$剂量=剂量率\times时间 \tag{6-9}$$

为了控制剂量，要求工作人员操作熟练，动作尽量简单迅速，以减少不必要的照射时间。为确保每个工作人员的累积剂量在允许的剂量限值以下，有时一项工作需要几个人轮换操作，从而达到缩短照射时间的目的。

2. 距离

在辐射源一定的前提下，照射剂量或剂量率与离射线源的距离的平方成反比，即：

$$\frac{D_1}{D_2}=\frac{R_2^2}{R_1^2} \tag{6-10}$$

式中　D_1——距辐射源 R_1 处的剂量或剂量率；

D_2——距辐射源 R_2 处的剂量或剂量率；

R_1——辐射源到 1 点的距离；

R_2——辐射源到 2 点的距离。

从式（6-10）可以看出，距离增加一倍，照射的剂量或剂量率将减少 3/4。这也就是为什么在X射线检测工作中，在条件允许的情况下，一般要求使人尽量远离射线机的原因。

3. 屏蔽

按照X射线基础理论，X射线在介质中传播时，其能量会逐渐衰减，且不同的材质，其衰减因子有所不同。一般而言，原子序数越大或者密度越大的材料，其衰减因子越大。宽束X射线在铅和混凝土中的衰减曲线分别如图6-3和图6-4所示。

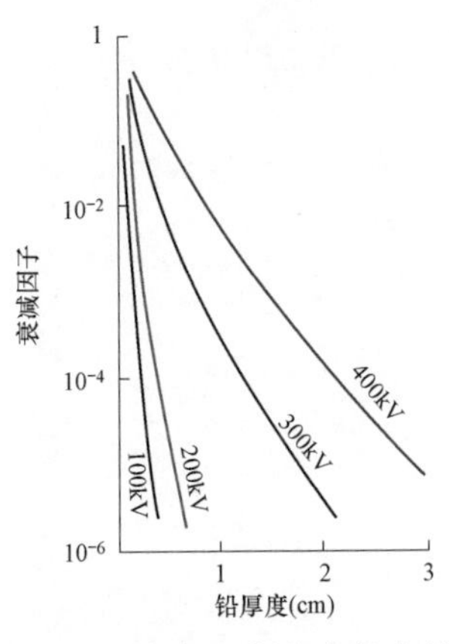

图6-3　宽束X射线在铅中的衰减曲线

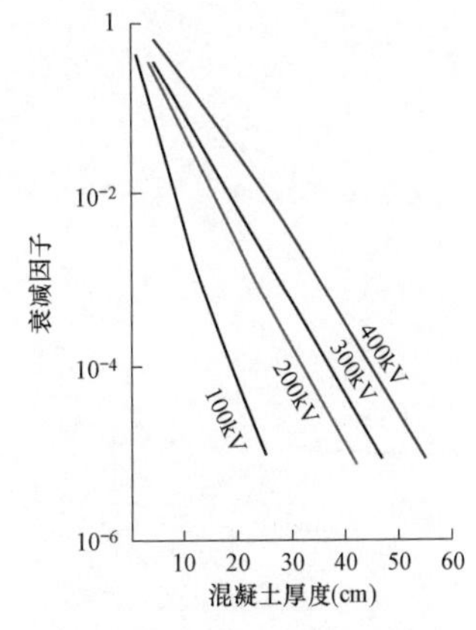

图6-4　宽束X射线在混凝土中的衰减曲线

因此，在实际工作中，当人与辐射源之间的距离受客观条件限制变远程度有限，而时间受工艺条件限制难以缩短时，往往在人和辐射源之间加一层足够厚的屏蔽层或工作人员躲在某个足够厚的现有构筑物后面，把照射剂量减少到容许剂量水平以下。

第四节　电力电缆X射线检测防护技术的应用及管理

电力电缆及附件一般安装于电缆沟、电缆隧道等狭小的空间内或者输电铁塔等高空环境中，而电缆沟、电缆隧道以及输电铁塔往往位于野外甚至普通公众活动较多的场所。因此，电力电缆及附件的X射线的检测必须依照射线应用单位及主管部门根据有关放射卫生防护法规与标准，做好作业人员和公众的射线防护工作。

一、射线检测工作的许可

电力电缆及附件的X射线检测所使用的射线装置是X射线机。X射线机属Ⅲ类射线装置，《中华人民共和国放射性污染防治法》规定："生产、销售、使用放射性同位素和射线装置的单位，应当按照国务院有关放射性同位素与射线装置放射防护的规定申请领取辐射安全许可证，办理登记手续。"辐射安全许可证封面及内页样例如图6-5所示。

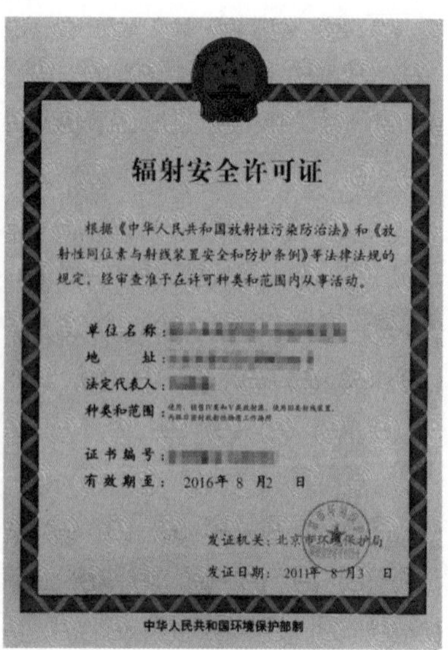
辐射安全许可证

根据《中华人民共和国放射性污染防治法》和《放射性同位素与射线装置安全和防护条例》等法律法规的规定，经审查准予在许可种类和范围内从事活动。

单位名称：

地　　址：

法定代表人：

种类和范围：

证书编号：

有效期至：2016年8月2日

发证机关：北京市环境保护局

发证日期：2011年8月3日

中华人民共和国环境保护部制

图6-5　辐射安全许可证封面及内页样例

用于工业探伤用X射线机属Ⅲ类射线装置，其辐射安全许可证由“省级环境保护主管部门审批颁发”。按《放射性同位素与射线装置安全许可管理办法》的规定，使用Ⅲ类射线装置的单位申请领取许可证应当具备下列条件：

（1）应当有1名具有大专以上学历的技术人员专职或者兼职负责辐射安全与环境保护管理工作；依据辐射安全关键岗位名录，应当设立辐射安全关键岗位的，该岗位应当由注册核安全工程师担任。

（2）从事辐射工作的人员必须通过辐射安全和防护专业知识及相关法律法规的培训和考核。

（3）射线装置使用场所有防止误操作、防止工作人员和公众受到意外照射的安全措施。

（4）配备与辐射类型和辐射水平相适应的防护用品和监测仪器，包括个人剂量测量报警、辐射监测等仪器。

（5）有健全的操作规程、岗位职责、辐射防护和安全保卫制度、设备检修维护制度、人员培训计划、监测方案等。

（6）有完善的辐射事故应急措施。

申请单位取得辐射安全许可证后，方可从事经许可的射线装置工作。放射工作许可证每1～2年进行一次核查，核查情况由原审批部门记录在许可登记证上。

放射工作单位在需要改变许可登记的内容时，需持许可登记证件到原审批部门办理变更手续。终止放射工作时，必须向原审批部门办理注销许可登记手续。

二、作业人员的管理

1. 作业人员的资质

按《放射工作人员职业健康管理办法》，从事放射工作人员必须具备下列基本条件：

（1）年满18周岁；

（2）经职业健康检查，符合放射工作人员的职业健康要求；

（3）放射防护和有关法律知识培训考核合格；

（4）遵守放射防护法规和规章制度，接受职业健康监护和个人剂量监测管理；

（5）持有放射工作人员证。

放射工作人员证封面及部分内页样例如图 6-6 所示。

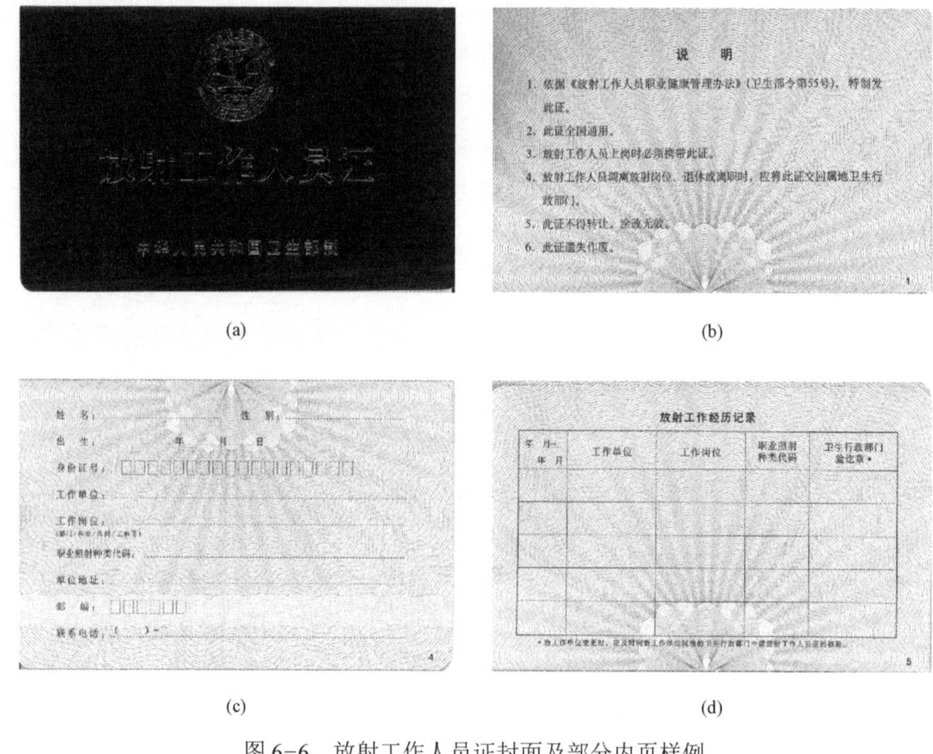

年　月- 年　月	工作单位	工作岗位	职业照射种类代码	卫生行政部门签注章*

(a)　(b)　(c)　(d)

图 6-6　放射工作人员证封面及部分内页样例

（a）封面；（b）内页 1；（c）内页 2；（d）内页 3

对于放射工作人员证，《放射工作人员职业健康管理办法》规定：“开展本办法第二条第二款第（三）项所列活动以及非医用加速器运行、辐照加工、射线探伤和油田测井等活动的放射工作单位，向所在地省级卫生行政部门申请办理放射工作人员证。”

2. 放射作业人员的培训

放射防护培训是为了提高放射工作人员对放射安全重要性的认识，增强防护意识，掌握防护技术，最大限度地减少不必要的照射，避免事故发生，保障工作人员和公众们的健康与安全的必要措施。

放射工作人员上岗前应当接受放射防护和有关法律知识培训，考核合格方可参加相应的工作，培训时间按要求不少于 4d。放射工作单位也有义务定期组织本单位的放射工作人员接受放射防护和有关法律知识培训。放射工作人员两次培训的时间间隔不超过 2 年，每次培训时间不少于 2d。

放射工作单位应当建立并按照规定的期限妥善保存培训档案。培训档案应当包括每次培训的课程名称、培训时间、考试或考核成绩等资料。

放射防护和有关法律知识培训应当由符合省级卫生行政部门规定条件的单位承担，培训单位可会同放射工作单位共同制订培训计划，并按照培训计划和有关规范或标准实施和考核。放射工作单位应当将每次培训的情况及时记录在放射工作人员证中。

3. 放射作业人员的健康管理

放射工作人员就业前必须进行体格检查，体检合格者方可从事放射工作。放射工作单位不得安排未经职业健康检查或者不符合放射工作人员职业健康标准的人员从事放射工作。放射工作单位应当组织上岗后的放射工作人员定期进行职业健康检查，两次检查的时间间隔不应超过 2 年，必要时可增加临时性检查。放射工作人员脱离放射工作岗位时，放射工作单位应当对其进行离岗前的职业健康检查。

放射工作单位应当为放射工作人员建立并终生保存职业健康监护档案。职业健康监护档案应包括以下内容：

（1）职业史、既往病史和职业照射接触史；

（2）历次职业健康检查结果及评价处理意见；

（3）职业性放射性疾病诊疗、医学随访观察等健康资料。

三、作业场所的管理

一般情况下，电力电缆及附件 X 射线检测作业属现场透照。现场透照时，必须对作业现场实施可靠的管理。

1. 现场的分区设置

电力电缆及附件进行 X 射线探伤作业时，应对工作场所实行分区管理，并在相应的边界设置警示标识。按照现行标准，一般应将作业场所中周围剂量当量率大于 15μSv/h 的范围内划为控制区；应将控制区边界外、作业时周围剂量当量率大于 2.5μSv/h 的范围划为监督区。X 射线探伤作业现场的分区设置如图 6-7 所示。

图 6-7　X 射线探伤作业现场分区设置示意图

需要注意的是，由于电力电缆及附件检测所用射线机为定向 X 射线机，射线能量主要集中在射线机射线出射窗口前方一定区域内，所以控制区和监督区等区域并不是一个规则的圆形，如图 6-8～图 6-10 所示。

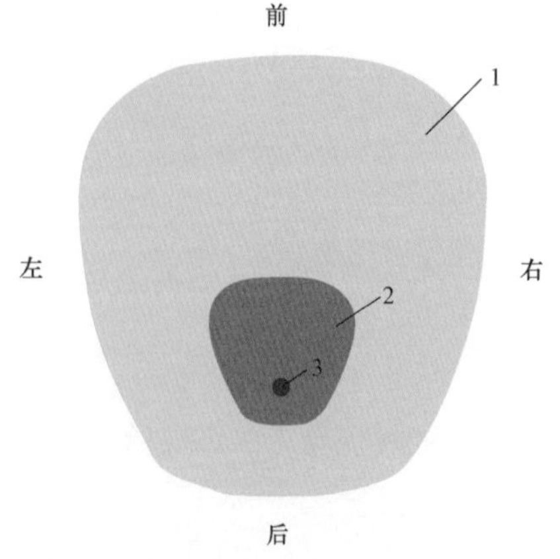

图 6-8　射线辐射控制区及辐射监督区范围示意图

1—辐射监督区；2—辐射控制区；3—X 射线机

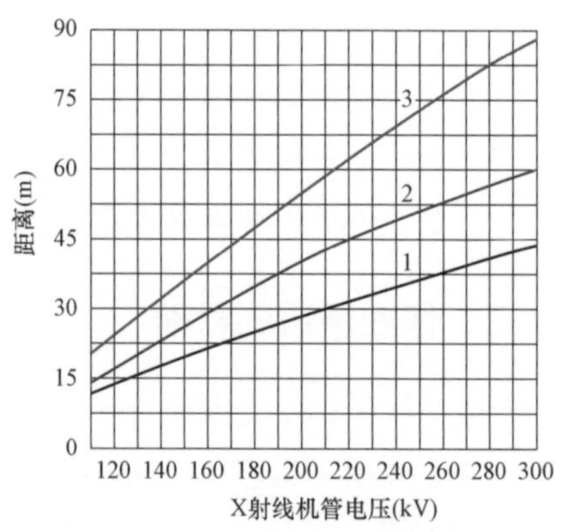

图 6-9　辐射控制区范围曲线

1—辐射控制区后方距离；2—辐射控制区侧方距离；3—辐射控制区前方距离

2. 现场的分区的管理

辐射作业现场分区完毕后，应在控制区边界悬挂清晰可见的“禁止进入　X 射线区”警告牌。探伤作业人员在控制区边界外操作，否则应采取专门的防护措施。现场探伤作业工作过程中，控制区内不应同时进行其他工作。为了使控制区

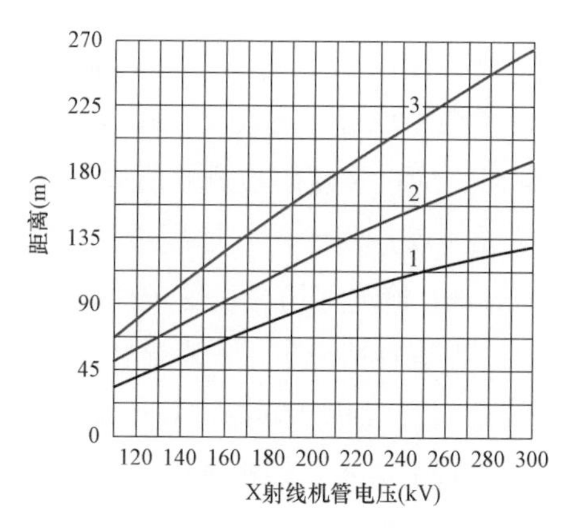

图 6-10 辐射监督区范围曲线

1—辐射控制区后方距离；2—辐射控制区侧方距离；3—辐射控制区前方距离

的范围尽量小，X射线探伤机应用准直器，视情况采用局部屏蔽措施（如铅板）。控制区的边界尽可能设定实体屏障，包括利用现有结构（如墙体）、临时屏障或临时拉起警戒线（绳）等，并在其边界上悬挂清晰可见的“无关人员禁止入内”警告牌，必要时设专人警戒。作业场所启用时，应围绕控制区边界测量辐射水平，并按空气比释动能不超过 15μGy/h 的要求进行调整。操作过程中，应进行辐射巡测，观察放射源的位置和状态。

对于在变电站等可能存在多楼层的地点实施检测时，应防止现场探伤工作区上层或下层的人员通过楼梯进入控制区。

四、作业现场的防护与监测

1. 现场的防护

按本章第三节的基本理论，射线防护的基本方法无非时间、距离和屏蔽。对于电力电缆及附件的X射线检测来说，透照时间受检测工艺影响，一般难以改变，因此距离防护和屏蔽是现场检测的基本防护方法。结合电力电缆X射线检测的基本特征，现场防护方法和措施总结如下：

（1）避免射线直射公众人员活动频繁区域。目前，电缆沟、变电站在城市较多，这也导致其周边存在较多的民房和公众人群，这些人群难以掌控其行为。从图 6-8 可知，射线透照方向正前方辐射相对较强，因此照射时应尽量将射线机透照方向朝向公众人员较少的方向，如朝下、朝向天空或朝向电缆沟壁等，尽量避免射线直射公众人员活动频繁区域。

（2）相关人员尽量远离透照位置。按式（6–10），距离增加一倍，射线剂量减少 3/4，因此现场检测时，应剂量疏散检测场所周边人员，无论是公众人群，还是和电缆作业相关的人员，都应尽量使其远离透照区域。

（3）采取有效的屏蔽措施。检测现场往往受条件限制，难以保证相关人员离开透照区域足够远的距离，在这种情况下，屏蔽就显得尤为重要。可靠的方式一般有：检测操作人员及周边人员寻找足够厚混凝土墙、金属设备等防护物后方进行躲避；在电缆沟检测位置上方覆盖铅板或研制专用防护装置进行屏蔽等。

采用X射线机作为照射源，根据电力电缆线路本体及附件工艺操作规范，其工作电压一般位于150kV以下。因此，屏蔽前照射量（照射率）为I_0=10mSv/min，按国家相关规定，屏蔽后的安全剂量应为I=2.5μSv/h，则以铅作为屏蔽材料时，所需铅屏蔽层的厚度应为$T=n\times T=n\times 0.030=0.4$cm，可满足安全要求。

为了适应现场环境需求，应综合考虑价格便携性等因素。电缆检测防护箱设计效果及结构分别如图6–11和图6–12所示。

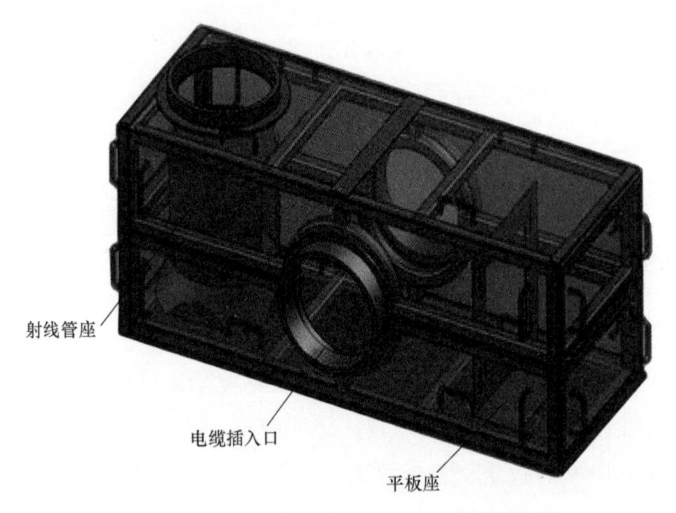

图6–11　电缆检测防护箱设计效果图

电缆检测防护箱结构中，有多段滑动轨道焊接在上箱体框架及下箱体框架上，平板支架、射线管底座安装在下箱体框架的内部，不同形状的防护板通过滑动轨道安装在上箱体框架及下箱体框架上。上箱体框架与下箱体框架相合后，电缆口法兰将上箱体框架与下箱体框架固定在一起，并起到保护电缆口的作用。

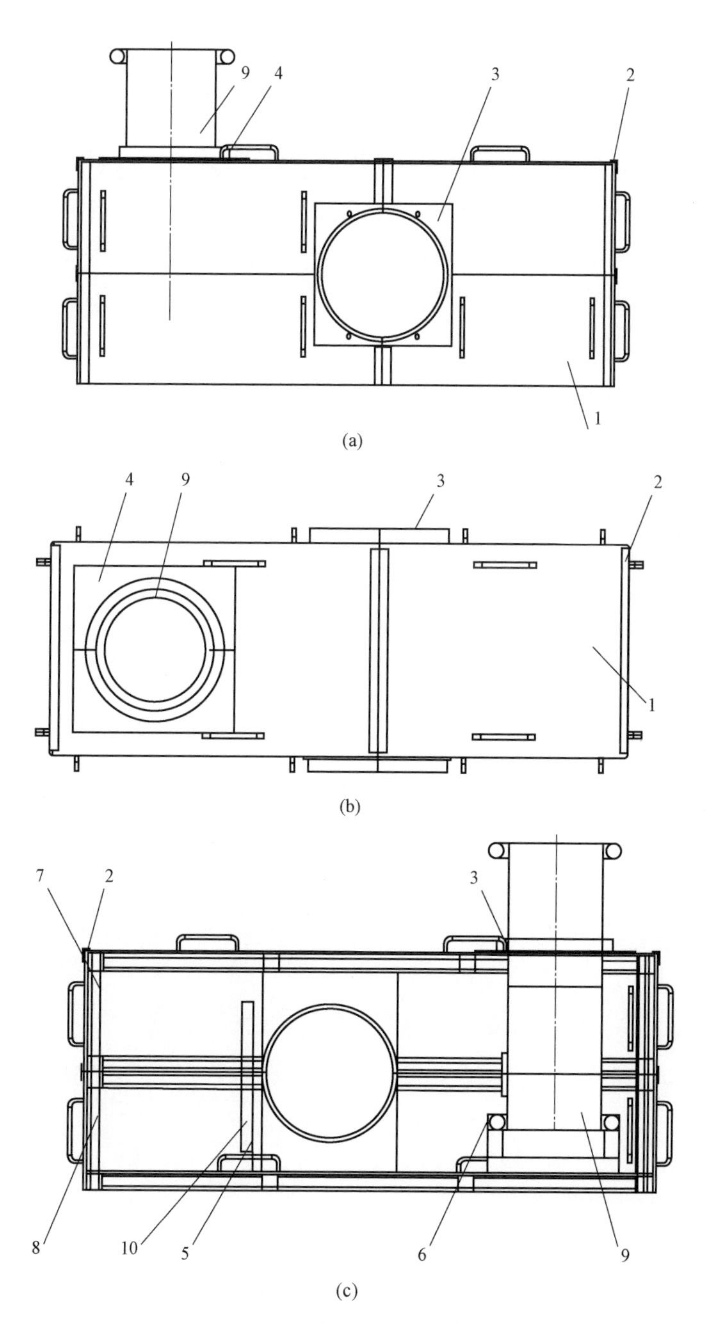

图 6-12　电缆检测防护箱结构示意图

（a）主视图；（b）俯视图；（c）主视图剖面图

1—防护板；2—滑动轨道；3—电缆口法兰；4—射线管法兰；5—平板支架；6—射线管底座；7—上箱体框架；8—下箱体框架；9—射线管；10—平板探测器

射线管法兰安装在上箱体框架预留的方孔上。射线管安放在射线管支架上，平板安装在平板支架上。

使用时，先将适用于下箱体框架的防护板装入其中，按照实际需求将平板支架和射线管底座装入并把平板探测器安装在平板支架上；再将已安装了防护板的上箱体框架与下箱体框架相合，在其两侧安装电缆口法兰；最后，通过上箱体框架的预留孔位置将射线管安放在射线管底座上，再安装射线管法兰。

2. 作业时的监测

为减少人员的辐射损伤，应配备必要的检测仪表。应采用辐射测量仪监测控制区和监督区内的射线剂量，同时，个人应佩戴个人剂量计。

第七章　电力电缆及附件 X 射线检测典型案例

【案例一】　敷设不当导致外护套受压变形

一、案例简介

某配套供电工程电缆送电工程共有 8 回 220kV 电缆线路新建待投运，均为变电站 GIS 与架空线之间的短段联络线，采用交联聚乙烯绝缘波纹铝护套电力电缆（在电缆金属套以内、半导电缓冲阻水带之上，绕有两根测温光缆），全线采用隧道敷设，线路无中间接头。

其中三回线路在电缆敷设中虽采用了导向滑轮等敷设装置，但由于电缆从地面上电缆盘经敷设孔进入电缆隧道内的敷设角度选取偏小，在下盘放缆时电缆在地面上、隧道内两个敷设弯曲位置，分别受两对导向滑轮限位后连续过度挤压，导致电缆外护套与滑轮接触面部分受压变形。

经现场外观检查，发现电缆外护套的外表面已由带波纹的圆柱状形变为波纹不明显的扁平状。线路Ⅰ电缆的规格型号为 ZC−YJLW02 1×1000mm^2 127/220kV，非金属套外径标称值为（139.2±2.0）mm，三相电缆长度分别为 101、105m 与 109 m；线路Ⅱ电缆的规格型号为 ZC−YJLW02 1×1000mm^2 127/220kV，非金属套外径标称值为(139.2±2.0)mm，三相电缆长度分别为 110、113m 与 116 m；线路Ⅲ电缆的规格型号为 ZC−YJLW02 1×800mm^2 127/220kV，非金属套外径标称值为（136.5±2.0）mm，三相电缆长度分别为 139、135m 与 132m。

二、检测分析

对三回 220kV 电缆线路挑选了 10 处护套变形最严重区域（依次编号为 1～10 号）进行检查及分析，发现以下事实。

1. 电缆形变外护套外径测量检查

针对线路ⅠC 相、线路ⅡB、C 相与线路Ⅲ A、B、C 相 10 个外护套形变位置，采用游标卡尺进行了电缆外径测量，测量时严格遵守游标卡尺的卡腿须与电缆外径边沿垂直接触。线路ⅠC相1号形变位置的外径测量如图7-1所示。

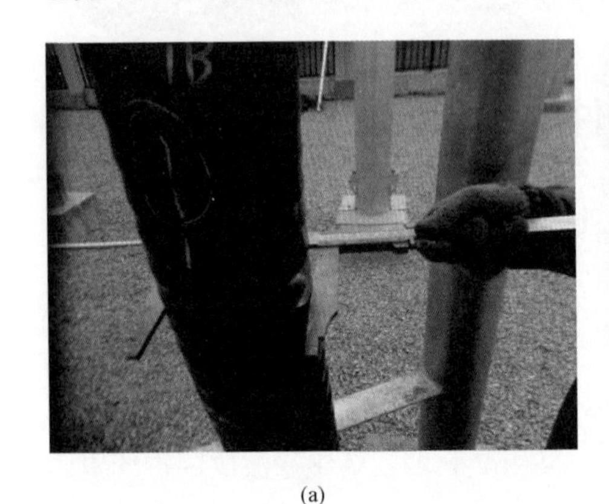

(a)

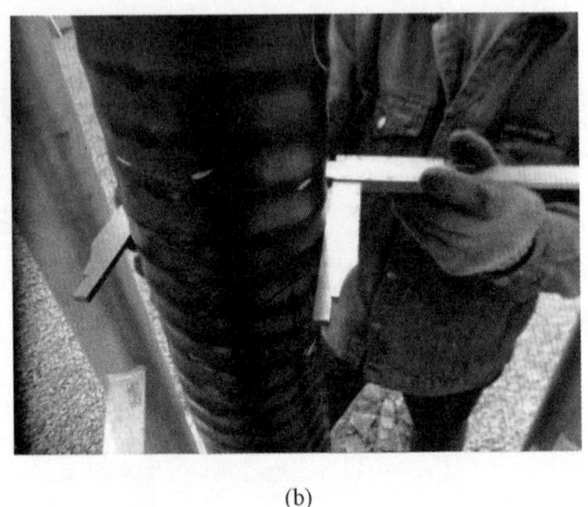

(b)

图7-1　线路ⅠC相1号形变位置的外径测量

（a）外护套外径（h_1）测量；（b）外护套垂直面（h_2）测量

1～10号电缆外护套外部形变（外径测量值与电缆厂家检测报告中外径标称值比对）见表7-1。

表7-1　1~10号电缆外护套外部形变（外径测量值与标称值比对）

缺陷编号	缺陷位置	导体截面积标称值（mm^2）	非金属套外径标称值（mm）	变形面 h_1（mm）	变形垂直面 h_2（mm）
1号	线路ⅡC相	1000	139.2±2.0	134	141
2号	线路ⅡB相		139.2±2.0	130	142
3号	线路ⅡC相		139.2±2.0	123	144
4号	线路ⅡC相		139.2±2.0	125	144
5号	线路ⅠC相		139.2±2.0	123	146
6号	线路ⅠC相		139.2±2.0	134	150
7号	线路ⅢC相	800	136.5±2.0	121	139
8号	线路ⅢB相		136.5±2.0	122	140
9号	线路ⅢB相		136.5±2.0	125	140
10号	线路ⅢA相		136.5±2.0	122	130

由表7-1数据比对可知，1～10号位置外护套受挤压后都产生不同程度的形变，外径数值上表现为减小。与标称值相比：1000mm^2截面规格的电缆1～6号位置，1号相对形变最小，外径缩小了5mm，3、5号相对形变最大，外径都缩小了16mm；800mm^2截面规格的电缆7～10号位置，9号相对形变最小，外

径缩小了 11mm，7 号相对形变最大，外径缩小了 15mm。与此相反，变形垂直面的外径数值变大。

2. 电缆外护套变形区域 X 射线检测

为掌握外护套变形对电缆内部结构尤其是对绝缘与绝缘屏蔽的影响，进行了变形区域的 X 射线检测。针对 1～10 号形变位置，采用宽度 80mm、长度分别为 200mm 与 120mm 的 X 射线感光胶片，以获取完整的电缆外形（圆柱体）投影与局部形变处的轮廓投影。线路ⅡB 相 2 号形变位置的 X 射线检测如图 7-2 所示。

图 7-2　线路ⅡB 相 2 号形变位置的 X 射线检测

采用平行光源显像并用数码相机拍摄的 1～10 号形变位置 X 射线照片分别如图 7-3～图 7-12 所示。

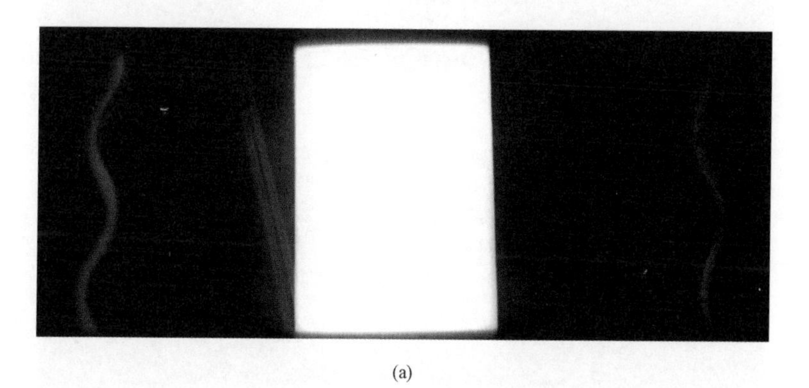

(a)

图 7-3　线路ⅡC 相 1 号形变位置的 X 射线检测图像（单侧变形）（一）

（a）电缆整体外形 X 射线投影成像（长胶片）

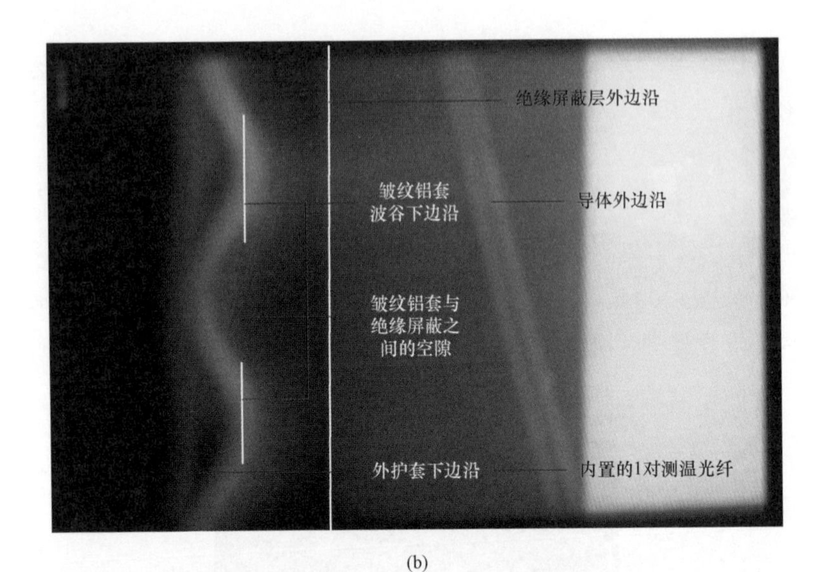

(b)

图 7-3　线路ⅡC相1号形变位置的X射线检测图像（单侧变形）（二）
（b）电缆局部形变处X射线投影成像（短胶片）

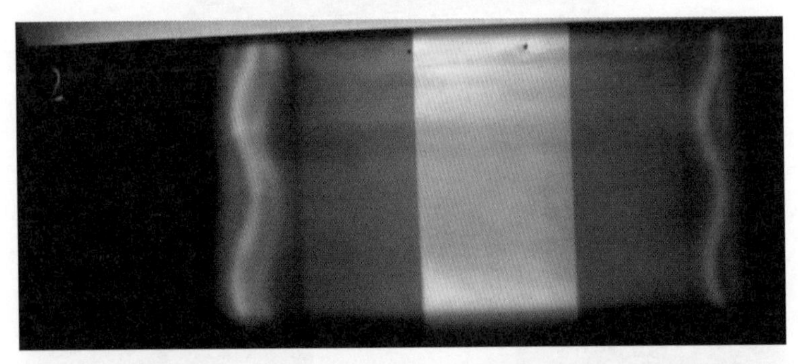

图 7-4　线路ⅡB相2号形变位置的X射线检测图像（双侧变形）

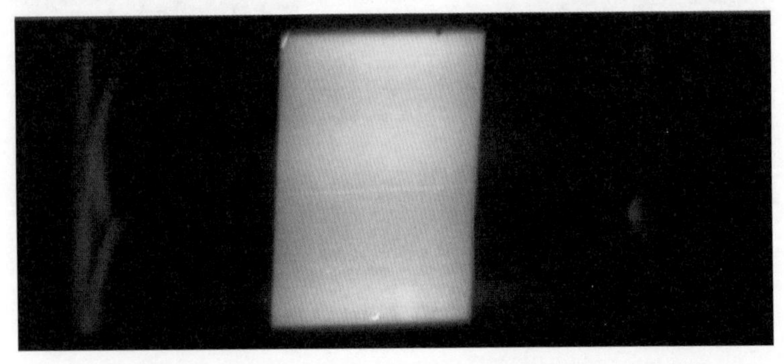

图 7-5　线路ⅡC相3号形变位置的X射线检测图像（双侧变形）

图 7-6　线路ⅡC 相 4 号形变位置的 X 射线检测图像（双侧变形）

图 7-7　线路ⅠC 相 5 号形变位置的 X 射线检测图像（双侧变形）

图 7-8　线路ⅠC 相 6 号形变位置的 X 射线检测图像（双侧变形）

图 7-9　线路ⅢC 相 7 号形变位置的 X 射线检测图像（双侧变形）

图7-10 线路ⅢB相8号形变位置的X射线检测图像（双侧变形）

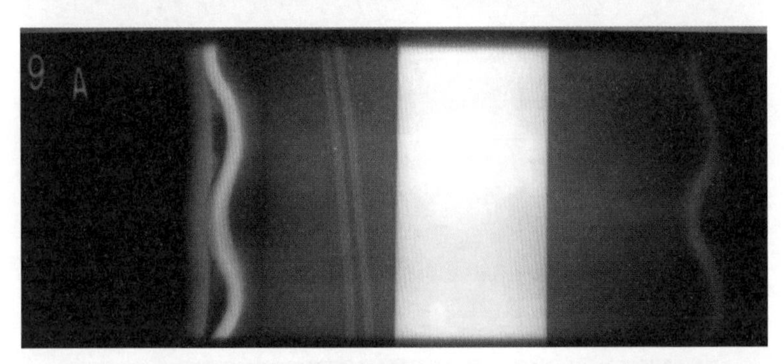

图7-11 线路ⅢB相9号形变位置的X射线检测图像（双侧变形）

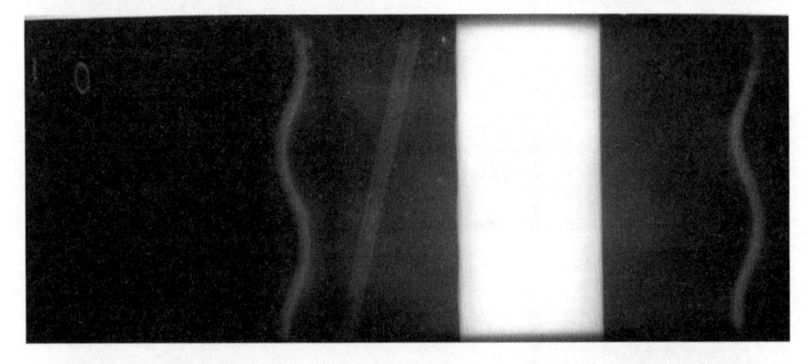

图7-12 线路ⅢA相10号形变位置的X射线检测图像（双侧变形）

由于线路ⅠC相5号与线路ⅢC相7号形变位置的X射线检测图像左侧都出现了双波纹护套的影像，为排除干扰因素特别针对上述两处，分别变换了三个角度重新进行X射线检测，分别如图7-13和图7-14所示。

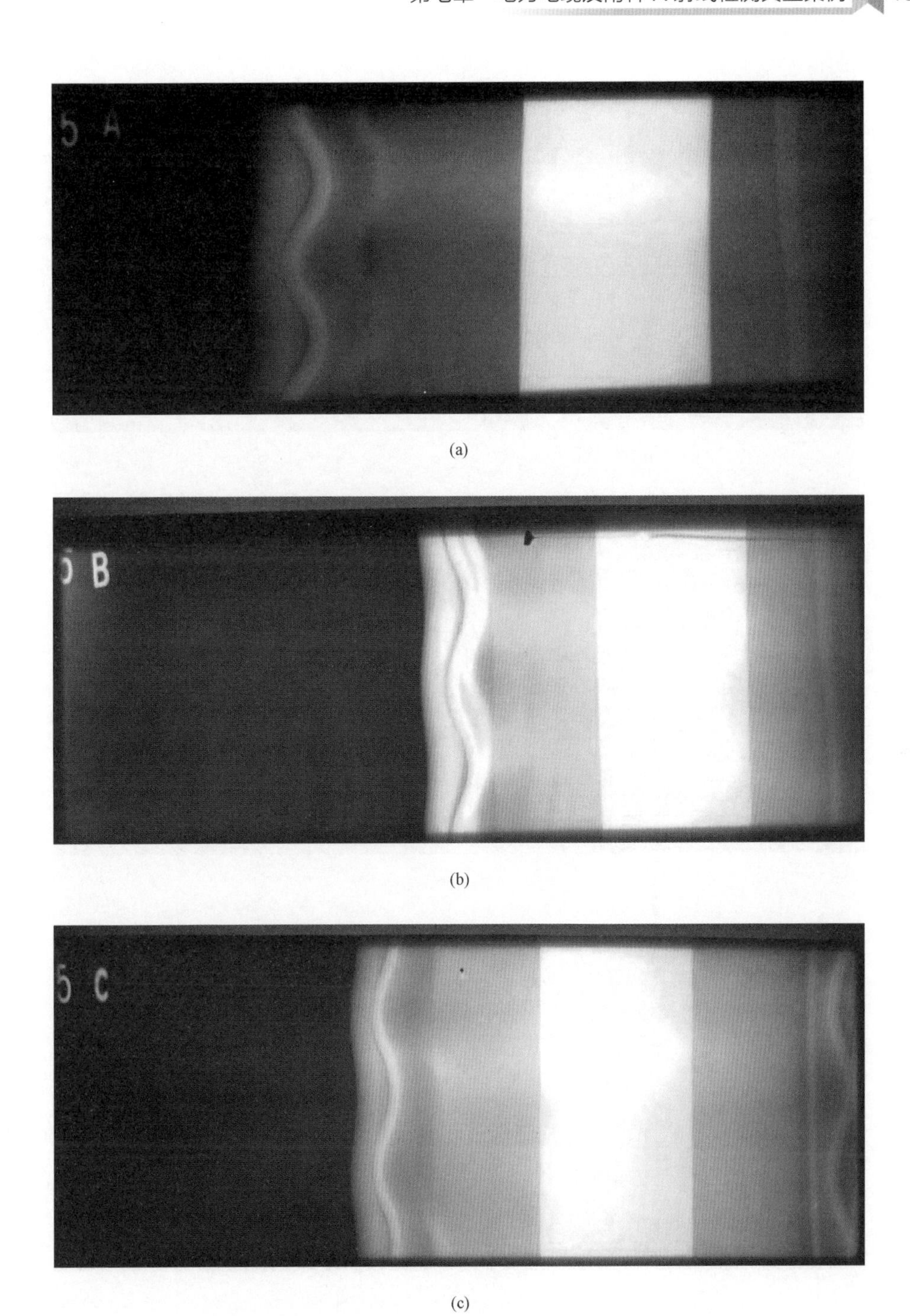

(a)

(b)

(c)

图 7-13　线路 I C 相 5 号形变位置的 X 射线复测图像

（a）垂直透射偏上角度（长胶片）；（b）垂直透射角度（长胶片）；（c）垂直透射偏下角度（长胶片）

(a)

(b)

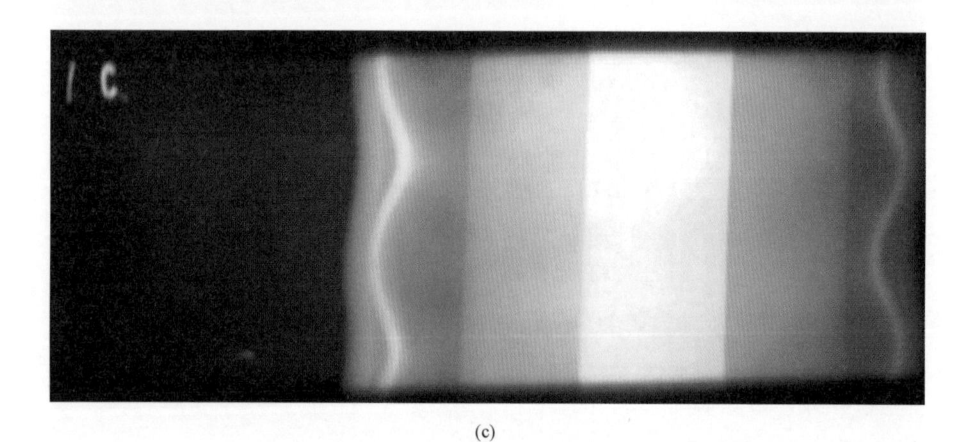

(c)

图 7-14 线路ⅢC 相 7 号形变位置的 X 射线复测图像

（a）垂直透射偏上角度（长胶片）；（b）垂直透射角度（长胶片）；（c）垂直透射偏下角度（长胶片）

针对上述所有拍摄的 X 射线成像照片显示的电缆内部结构进行了判读分析，发现 1～10 号形变处内部的电缆主绝缘均未受皱纹铝套变形的挤压损伤，从 X 射线照片上可见绝缘屏蔽层边沿线清晰，呈直线形状，未发生可目测的形变；但 3、5、7 号以及 9 号位置的 X 射线照片显示，电缆外护套形变位置内部绝缘屏蔽与皱纹铝套的间隙已小于正常、未变形的电缆相应内部间隙。

3. 电缆外护套变形区域解剖

为进一步地验证 X 射线检测结果，选取 3 号形变位置所在的线路ⅡC 相电缆进行了径向锯断、横截面观察以及外径复测。线路ⅡC 相 3 号形变位置的横截面观察与外径复测如图 7-15 所示。

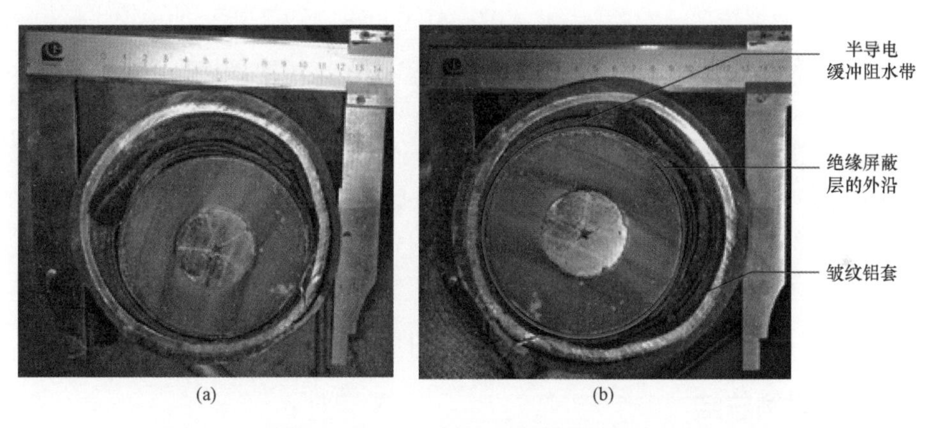

图 7-15　线路ⅡC 相 3 号形变位置的横截面观察与外径复测

（a）外护套外径（h_1=124mm）；（b）外护套垂直面外径（h_2=145mm）

由图 7-15 中 3 号形变位置电缆横截面观察可再次确认：主绝缘的外半导电屏蔽层轮廓清晰，整体接近正圆形，未发生可目测的形变；但绝缘屏蔽层与皱纹铝套之间的间隙已显著小于正常的电缆相同位置的内部间隙，绝缘屏蔽层与皱纹铝套之间原有的缓冲阻水带被挤压得十分密实。

虽然外护套形变处的电缆主绝缘与绝缘屏蔽层未受到挤压变形，但考虑到电缆投运后将带负荷运行，主绝缘层和导体线芯运行中会因负载电流致热而发生膨胀扩大，在导体温度达到 90℃最高允许温度时，这种热胀效应可能会使得绝缘屏蔽受到皱纹铝套波谷的挤压而损伤；同时，与形变侧垂直的护套将因挤压而外移，导致皱纹铝套与绝缘屏蔽及外侧的半导电缓冲阻水带间隙大于正常允许间隙而诱发局部放电，损伤电缆绝缘屏蔽，可能导致突发绝缘击穿运行故障。

4. 分析与讨论

（1）根据规格型号为ZC−YJLW02 1×800mm^2 127/220kV的电缆出厂检测报告，取皱纹铝套外径实测值ϕ_1=128.60mm、波高h=6.66mm、铝护套厚度d=2.59mm、绝缘屏蔽外径ϕ_2=92.18mm，可估算得出皱纹铝套波谷与绝缘屏蔽之间的正常间距$L_{800}=[\phi_1-2\times(h+d)-\phi_2]/2=8.11$mm。由表7−1知线路ⅡC相3号与线路ⅠC相5号位置外护套外径形变缩小量$\Delta\phi$=16mm，按等分原则推算出外护套形变位置内部皱纹铝套波谷与绝缘屏蔽的间隙减小了$\Delta\phi/2=8\text{mm}<8.11\text{mm}$，可知外护套外径形变缩小后，皱纹铝套的波谷内移并接近绝缘屏蔽层外沿，这辅助验证了形变后的内部间隙已小于正常、未变形的电缆相应内部间隙。

（2）根据规格型号为ZC−YJLW02 1×1000mm^2 127/220kV的电缆出厂检测报告，取皱纹铝套外径实测值ϕ_1=126.90mm、波高h=6.60mm、铝护套厚度d=2.95mm、绝缘屏蔽外径ϕ_2=94.26mm，可估算得出皱纹铝套波谷与绝缘屏蔽之间的正常间距$L_{1000}=[\phi_1-2\times(h+d)-\phi_2]/2=6.77$mm。由表7−1知线路ⅢC相7号位置外护套外径形变缩小量$\Delta\phi$=15mm，按等分原则推算出外护套形变位置内部皱纹铝套波谷与绝缘屏蔽的间隙减小了$\Delta\phi/2=7.5\text{mm}>6.77\text{mm}$，可知外护套外径形变缩小后，皱纹铝套的波谷内移并接触到绝缘屏蔽层外沿，辅助验证了形变后的内部间隙已小于正常、未变形的电缆相应内部间隙。

三、案例总结

根据以上分析可得出如下结论：根据220kV线路ⅠC相、线路ⅡB、C相与线路ⅢA、B、C相上1～10号电缆外护套形变位置的外观检查、外径测量与X射线检测比对分析，外护套形变处内部的电缆主绝缘均未受皱纹铝套变形的挤压损伤，但电缆外护套形变位置内部绝缘屏蔽与皱纹铝套的间隙已小于正常、未变形的电缆相应内部间隙。

【案例二】 110kV电缆因非开挖导向钻机的旋转钻头外力损伤

一、案例经过

某地采用沟道敷设的110kV电缆线路C相电缆被电力沟道附近施工的非开挖导向钻机的旋转钻头外力损伤。受损电缆为110kV铜芯交联聚乙烯绝缘挤包皱纹铝套聚乙烯护套电力电缆，规格型号为YJLW03−64/110 1×800。

电缆外力损伤处位于机动车路口的沟道中，根据现场仔细检查，C 相电缆外护套表面损伤较为严重，整个刨伤面沿电缆轴向长约 24cm， C 相电缆受损刨面如图 7-16 所示，受损处电缆有明显的变形。刨伤中有三处已伤及皱纹铝套，C 相电缆严重受损点标识如图 7-17 所示。

图 7-16　C 相电缆受损刨面

图 7-17　C 相电缆严重受损点标识

二、检测分析

为更清晰地了解 C 相电缆受损处内部的结构形变，特别是铝套本身和铝套与缓冲层之间的间隙是否存在明显变形，对受损位置进行了 X 射线拍片，图 7-18 是与受损位置径向垂直角度拍摄的 X 射线照片。

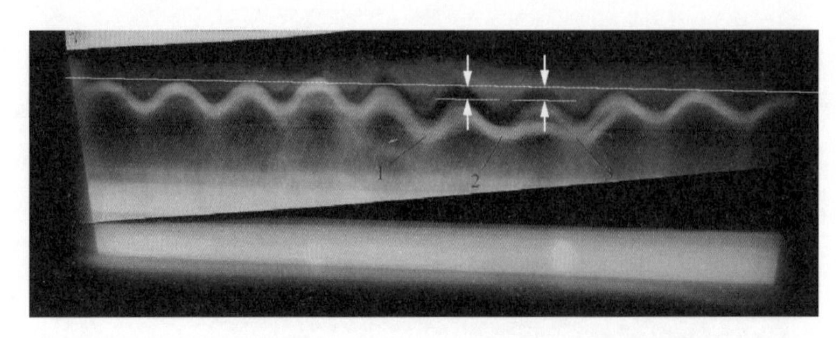

图 7-18　与受损位置径向垂直角度拍摄的 X 射线照片

从图 7-18 所示可以看出，C 相电缆外部的变形使得铝套产生了凹陷变形，凹陷深度如图 7-18 中两处箭头所指的间隙。由于铝套下陷，铝套波谷（图 7-18 中 1、2、3 点）已明显触及绕包金布（X 射线片中的网状物），并使金布下面的缓冲层明显变形，电缆绝缘芯与皱纹铝套之间已无缓冲间隙；特别是 1 点位置已伤及绝缘屏蔽层，若电缆继续运行，则会因该处的场强发生畸变最终导致电缆事故。

三、案例总结

建议运行单位对 110kV 电缆 C 相损伤段实施切除，更换新电缆并制作接头，待电缆线路通过耐压试验后方可投入带电运行。

【案例三】 220kV 电缆户外终端少油缺陷

一、案例经过

某地电缆检修公司在运维巡视过程中发现，某变电站一处 220kV 电缆终端尾管处有绝缘油渗漏痕迹。对该处终端进行局部放电检测并未发现疑似局部放电，而对该终端进行 X 射线检测，发现该终端内部油位已出现明显下降，对终端进行外观检查未发现明显渗漏点。为保障线路安全运行，在现场对该电缆终端进行拆解消缺，并重新制作。

二、检测分析

运检人员在巡视中发现某变电站一处 220kV 户外终端尾管处有绝缘油，检测人员使用 CPDM 型高频局部放电检测设备对该 220kV 电缆户外终端进行局部放电检测，未发现明显高于背景噪声的疑似局部放电信号。电缆终端漏油缺陷局部放电检测图谱如图 7-19 所示。

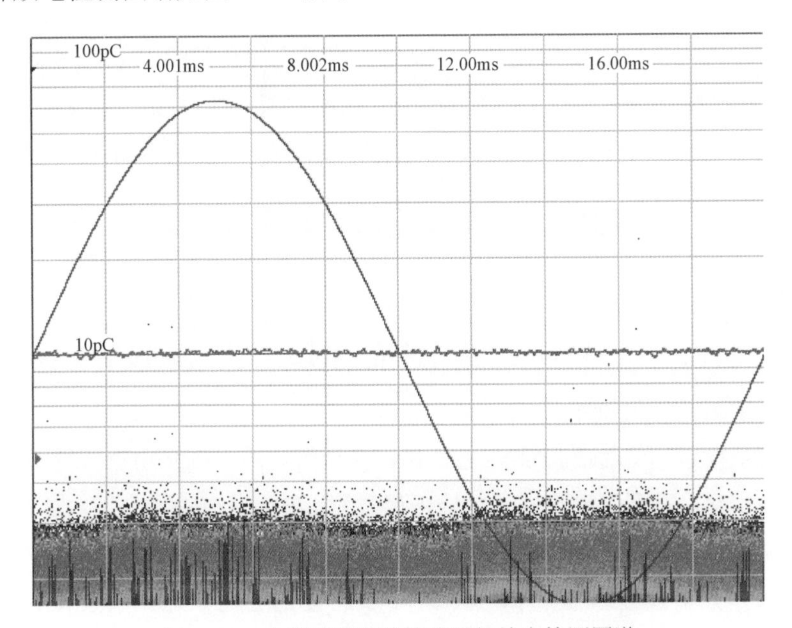

图 7-19　电缆终端漏油缺陷局部放电检测图谱

随后，运维人员对电缆终端进行外观检查，未发现有明显渗漏点。为了进一步精确了解电缆终端内绝缘油的渗漏情况，对该电缆终端进行了 X 射线检测，发现该终端内部绝缘油位已有明显下降。电缆终端漏油 X 射线检测图像如图 7-20 所示。

图 7-20　电缆终端漏油缺陷 X 射线检测图像

在现场对该电缆终端头进行拆解消缺，并重新制作。在打开该电缆终端后，首先对该接头内的绝缘油进行取样带回实验室做检测，在取油样的同时发现，该绝缘油黏稠度很大，在同设备厂方确认后发现属正常；其油量有明显减少，但油面完全覆盖应力锥。

三、案例总结

（1）对于电缆终端少油但油面已覆盖应力锥的情况，该缺陷下电缆终端内未发生明显的局部放电现象，因此局部放电检测无法有效检出电缆终端的缺陷。

（2）X 射线检测技术的应用，可以直观地检测电缆终端内部的油量情况，提高了现场查找缺陷的效率，为实现电缆设备的状态检修创造了良好条件。

【案例四】 110kV 电缆线路阻水带烧蚀

一、案例简介

2019 年 2 月 11 日 18 时 32 分，某 220kV 变电站 102A 线路 115、116 零序、过电流保护出口动作跳闸。

经现场检查，发现距离该变电站 1017m 位置，某 110kV 电缆线路 A 相电缆本体故障击穿。故障点位于相邻两档支架之间，击穿通道垂直向下。故障点邻近位置未见电缆护层磕伤。

经解体分析，发现金属护套除故障点位置完全烧穿外，邻近位置金属护套内侧也普遍存在放电烧蚀痕迹，且烧蚀点普遍位于波纹铝护套的波谷位置，即铝护套与半导电阻水带相接触的位置，金属护套内侧烧蚀情况如图 7-21 所示。在与之相对应的位置的半导电阻水带上广泛存在白色粉末状物质，如图 7-22 所示。内侧的外半导电层表面存在烧蚀放电痕迹，如图 7-23 所示。与故障点击穿通道相似，外半导电层上的损伤点普遍呈现出外侧面积大、内侧面积小的倒梯形结构。金属护套与半导电防水缓冲层、绝缘外半导电层的结构如图 7-24 所示。

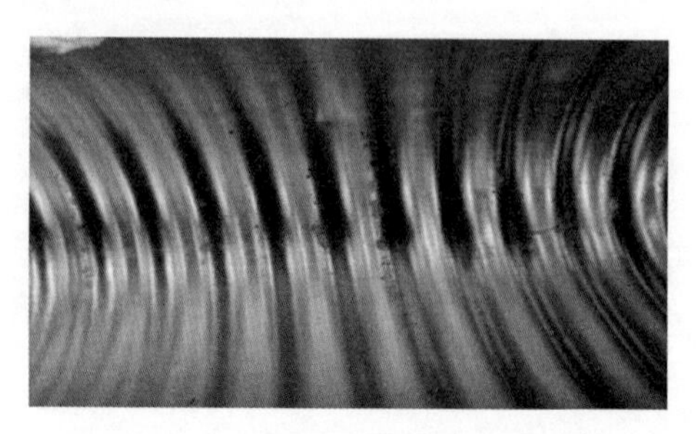

图 7-21　金属护套内侧烧蚀情况

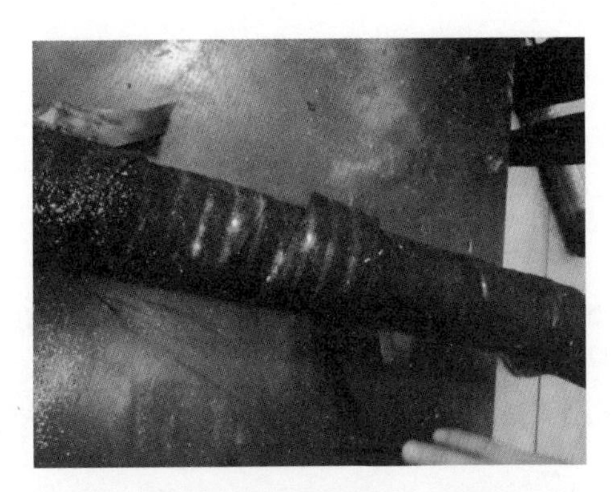

图 7-22　半导电阻水带表面存在白色粉末状物质

图 7-23　外半导电层表面烧蚀放电痕迹

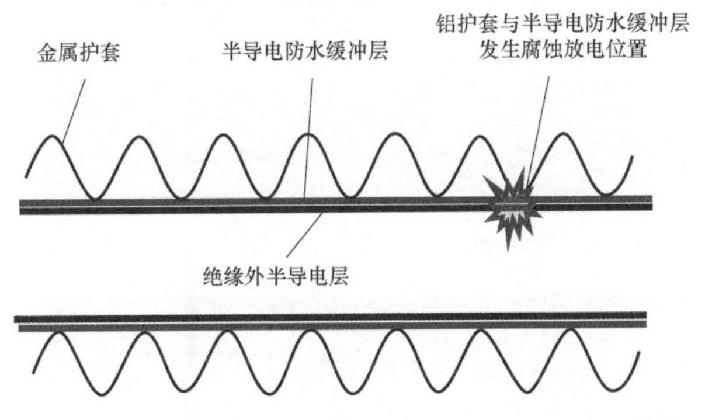

图 7-24　金属护套与半导电防水缓冲层、绝缘外半导电层结构示意图

二、检测分析

在该电缆线路更换下来的电缆段中选取了 6 段进行 X 射线检测，电缆平均长度约为 2m。根据经验设定射线管电压为 150kV，拍摄时间为 10s，拍摄帧数

为2帧，现场调整射线管与电缆间距离为50cm，成像板与电缆间距离为1cm。

对于所选择的6段电缆，共计拍摄X射线成像图片42张，可清晰呈现电缆内部线芯、绝缘、铝护套、外护套结构，符合检测要求。X射线成像照片如图7-25所示。

图7-25 X射线成像照片

在其中9张图片上发现白色点状簇团，位置与电缆绝缘、缓冲层重合，但形状与常见电缆绝缘缺陷明显不同，疑似为电缆阻水带析出物，如图7-26～图7-28红圈部分所示。

图7-26 疑似电缆阻水带析出物1

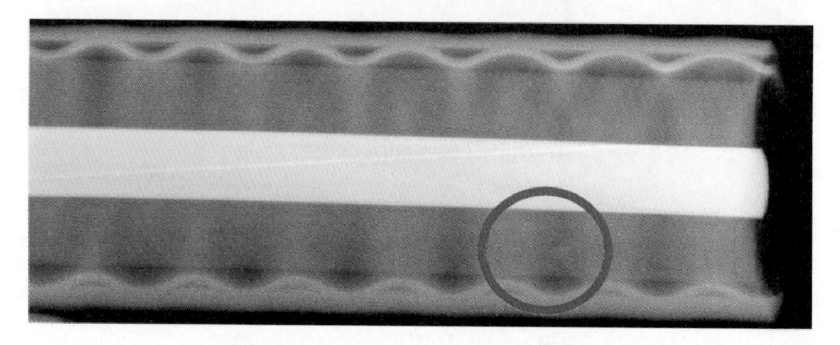

图7-27 疑似电缆阻水带析出物2

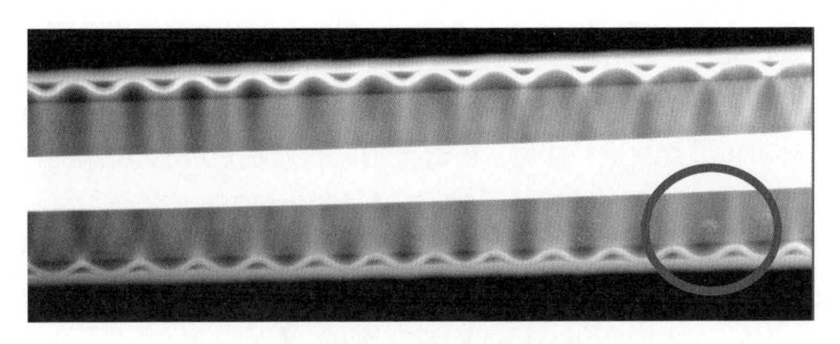

图 7-28　疑似电缆阻水带析出物 3

此外，在其中一张图片上发现电缆铝护套明显变形，如图 7-29 所示。现场查看后发现与实情相符，如图 7-30 所示。

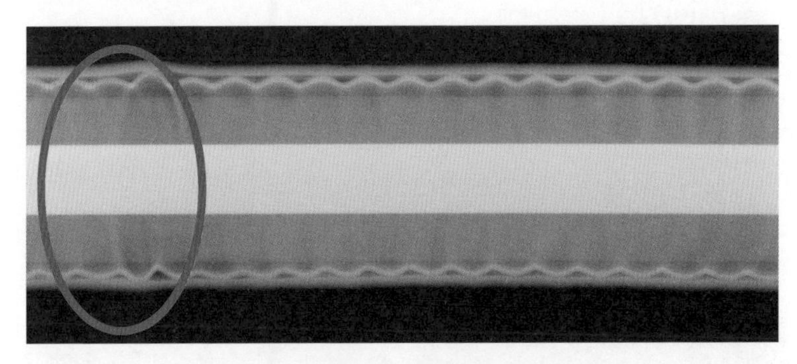

图 7-29　电缆铝护套变形 X 射线照片

图 7-30　电缆铝护套变形实物照片

三、案例总结

经过此次检测，可认为 X 射线检测技术对电缆本体结构有较好的呈现效果，可清晰呈现电缆阻水带析出缺陷，且对于电缆铝护套变形的呈现效果优于直接用眼观察，据此可推测对于线芯毛刺等缺陷也应具有较好呈现效果。

下阶段建议：

（1）针对电缆终端进行检测，测试X射线检测技术对于电缆尾管搪铅的呈现效果，如有效可检测搪铅不匀、空隙、接地线松脱等缺陷。

（2）针对疑似局部放电或已发生放电的电缆及其附件进行检测，测试X射线检测技术对于电缆绝缘缺陷的呈现效果，如有效可检测电缆绝缘树枝状放电痕迹等缺陷。

【案例五】 110kV电缆半导电层烧蚀

一、案例简介

2018年1月，某110kV电缆本体故障跳闸。故障巡线发现电缆A相本体存在明显击穿点，如图7-31所示，未发现其他施工痕迹。解剖过程中发现北侧电缆本体开口点附近老电缆半导电层有烧蚀情况，如图7-32所示。该烧蚀导致电缆外半导电层与铝护套之间存在电位差，引发缓冲层放电，损伤电缆外半导电层进而造成电缆绝缘击穿，因此此次故障原因为该批次电缆铜丝布缺陷引起。

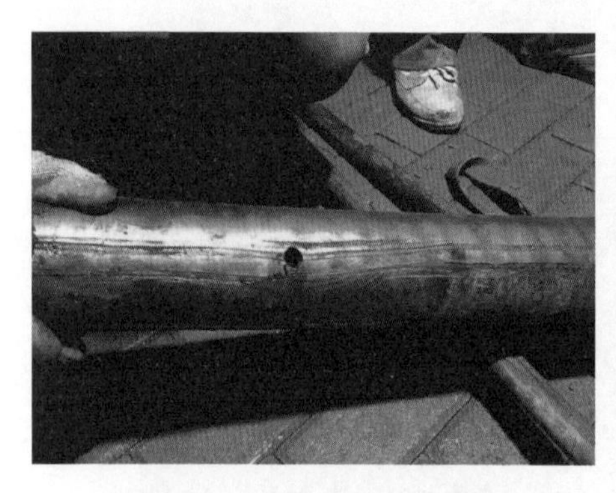

图7-31 电缆A相本体击穿点

图7-32 电缆本体开口点老电缆半导电层烧蚀

二、检测分析

此次检测分为2个对照组，分别使用魏德曼、赛康智能两种不同厂家设备，分别称为魏德曼测试组及赛康智能测试组。

1. 魏德曼测试组检测分析

（1）现场检测布置。魏德曼测试组使用由 P097 一体化 X 射线源、1500P 便携式平板探测器所组成的 X 射线成像系统进行检测，魏德曼测试组 X 射线检测布置如图 7-33 所示。

（2）检测分析。魏德曼测试组检测过程中发现一处异常成像，X 射线检测结果如图 7-34 所示。

图 7-33　魏德曼测试组 X 射线检测布置

图 7-34　魏德曼测试组 X 射线检测结果

同时，在测试过程中，检出金布不对称分布、金布散股等缺陷，如图 7-35 和图 7-36 所示。

图 7-35　魏德曼测试组 X 射线检出金布不对称分布缺陷

图 7-36　魏德曼测试组 X 射线检出金布散股缺陷

2. 赛康智能测试组检测分析

（1）现场检测布置。赛康智能测试组使用设备为 MAPT-250 X 射线成像系统，进行了 5 个部位检测，赛康智能测试组 X 射线检测布置如图 7-37 所示。

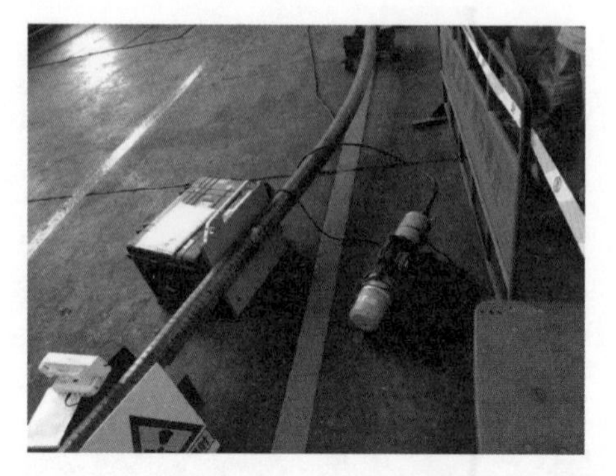

图 7-37　赛康智能测试组 X 射线检测布置

（2）检测分析。赛康智能测试组检测过程中发现多处白斑异常成像，如图 7-38 所示。

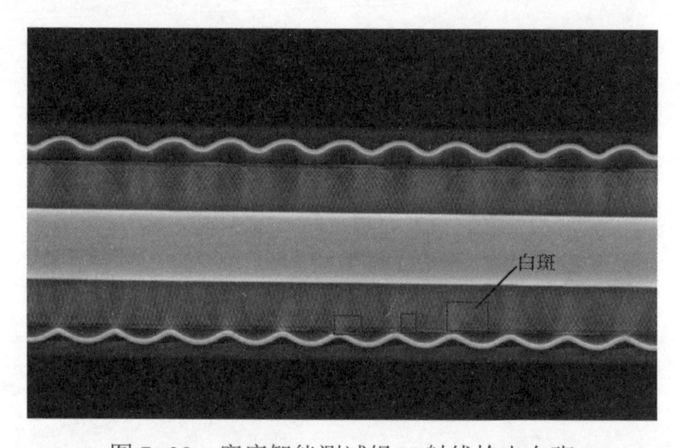

图 7-38　赛康智能测试组 X 射线检出白斑

同时，在测试过程中，检出金布不对称分布、金布散股等缺陷，如图 7-39 和图 7-40 所示。

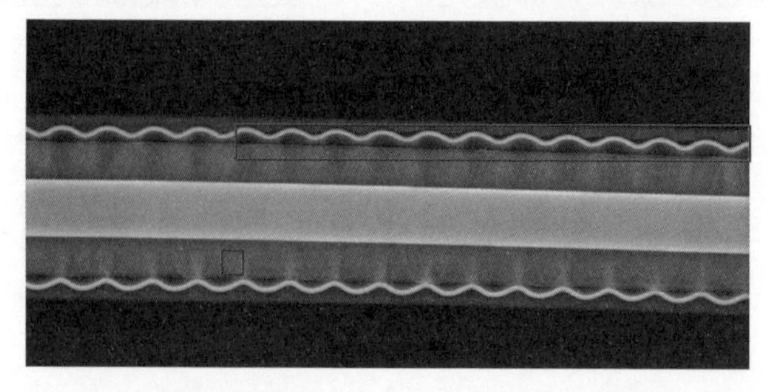

图 7-39　赛康智能测试组 X 射线检出金布不对称分布缺陷

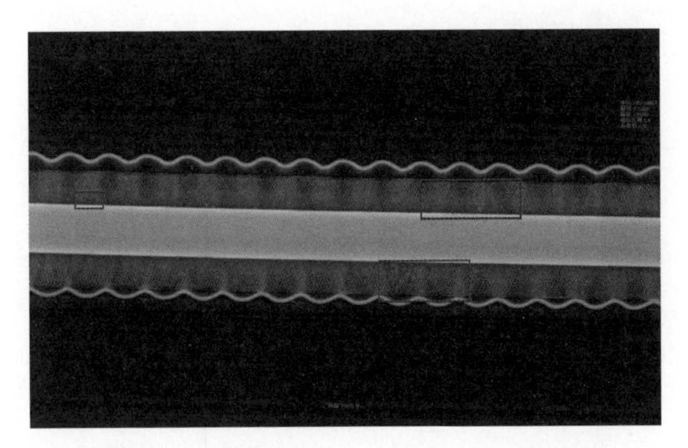

图7-40　赛康智能测试组X射线检出金布散股缺陷

三、案例总结

X射线对含金布结构的高压电缆成像效果较好，可有效检出金布不对称分布、金布散股等缺陷，对白斑等的烧蚀缺陷具有一定检查效果。此外，X射线检测的成像区域较小，成像效果受拍摄角度、测试空间等条件影响较大，因此X射线检测仅适用于已知大概缺陷区段的进一步排查。